내 몸 안의 작은 우주

분자생물학

신기한 생명활동의 비밀을 깨달아가는 세포 탐험!!

내 몸 안의 작은 우주

분자 생물학

다다 도미오 · 오창규 감수 | 하기와라 기요후미 지음 | 황소연 옮김

전나무숲

신비한 생명활동을 오감으로
느낄 수 있는 기회

생명체의 가장 기본적이면서도 본질적인 기능은 '외부(환경)의 자극, 이에 대한 해석 및 분석, 그에 따른 반응'으로 요약할 수 있다. 앞에 무엇이 있는지, 먹이는 어디 있는지, 위험은 없는지 등등을 살핀다. 더듬이를 쭈욱 늘려 빼서는 여기저기를 더듬어 살피는 달팽이의 모습에서 이러한 기능의 양상을 쉽게 떠올릴 수 있다.

물론 인간은 이러한 단순한 행위만 하지는 않는다. 외모부터 일단 다를 뿐 아니라 사고방식, 판단 등의 두뇌활동에서 나타나는 차이는 실로 어마어마하다. 그럼에도 불구하고 머리 속에서 일어나고 있는 두뇌활동과 정신활동에서도 바로 이러한 '자극-해석-반응'이라는 기본적 체계가 작동되고 있다.

과연 인간의 사고체계는 어떻게 이루어져 있는 걸까? 이러한 사고체계 자체도 혹시 유전이 되는 것은 아닐까? 유전이 된다면 사고체계는 어떤 방식으로 후세에 전달될까? 이러한 호기심에 망설임 없이 분자생물학을 연구하는 과학자가 되기로 마음 먹은지 어언 26년이 훌쩍 지났다.

지난 반세기 동안 생명과학은 그야말로 눈부신 발전을 거듭해왔다. 제한효소와 PCR 기술의 발견과 응용으로 생명공학 산업이 태동되었고, 단일 프로젝트로는 인류역사상 가장 규모가 컸던 10여 년간의 인간게놈프로젝트에 의해 인간의 30억 쌍에 이르는 방대한 유전정보가 완전히 해독되었다. 또한 인류의 영원한 도전이었던 무병장수의 꿈은 유전정보 기반의 유전진단과 유전자 및 줄기세포의 치료로 손에 잡힐 듯 가까이 다가선 듯하다. 복제인간이 더 이상 공상과학이 아닌 세상이 된 것이다.

이러한 눈부신 발전이 분자생물학이 아니었다면 과연 가능할 수 있었을까?

여러분들은 이 책을 통하여 생명체가 외부의 환경을 어떻게 받아들이고, 어떤 방식으로 해석하며, 또 어떤 대책을 만들어내는지를 흥미진진한 한편의 드라마를 보듯 경험할 수 있을 것이다. 이를 통해 모든 생명체에서 일어나고 있는 신비한 생명활동의 현상과 과정을 분자적 수준에서 이해할 수 있도록 안내해줄 것이다. 생명의 신비를 머리로 이해하기보다는 오감으로 느껴볼 수 있는 좋은 기회가 될 것이다.

분자유전학 박사 오창규

깊은 관찰과 독자적인 생각의 결과가
담겨 있는 분자생물학

본인의 제자인 하기와라 군의 전작인《내 몸안의 주치의 면역》이 독자들의 사랑을 듬뿍 받고 있다는 반가운 소식을 들었다. 그렇다면 면역보다 좀 더 폭넓은 분자생물학 분야를 하기와라 군이 다룬다면 어떤 모습일까?

사실 이 책의 첫 번째 원고가 완성된 것은 아주 오래 전의 일이다. 깔끔하게 정리된 원고는 흠 잡을 데 없었지만 나는 감히 퇴짜를 놓았다. 개론서 혹은 해설서라는 점에서는 훌륭한 원고였지만 저자 자신의 독창적인 생각과 관찰이 행간에 묻어나지 않았기 때문이다.

단순히 관련 연구를 소개하는 차원이라면 그리 어려운 작업은 아니었을 것이다. 하지만 그는 의료의 최전방에서 연구 활동에 매진해 왔으며, 지금은 임상 현장에서 자신의 연구 분야가 실제 어떻게 질병으로 진행되는가를 매일 관찰하고 있다. 그래서 나는 단순한 해설서가 아니라 스스로가 어떻게 생각하고 있는지를 써 보라고 주문했다.

괴팍한 내 주문에 그는 상당히 힘들어했던 것 같다. 눈코 뜰 새 없이 바쁜 의료 현장에 몸담고 있으면서 천천히 사색에 잠길 시간과 마음의 여유는 아마도 턱없이 부족했을 것이다. 하지만 하기와라 군은 처음부터 다시 써서 제출했다. 자신이 연구한 실험 결과를 본문에 반영시키고 스스로 생각한 바를 제시하고 자신의 문체로 다시 기록했다. 퇴고에 퇴고를 거듭하면서 원고를 내던지고 싶은 적도 있었다고 한다. 이렇게 해서 마지막 원고가 세상 속으로 힘찬 첫걸음을 내디디려고 한다. 이 책이 합격점인지 아닌지는 독자가 판단할 몫이다.

이 책의 특징은 저자의 노력과 정성이 녹아 있다는 점이다. 따라서 허세 넘치는 전문가의 해설서와는 차원이 다르다. 어물쩍 넘어가는 서술이 아닌, 연구자로서의 기본자세가 담겨 있다.

독자는 저자와 함께 '분자들의 사회'에서 운영되는 생체 구조를 이해하고, 더 나아가 하기와라의 분자생물학에 깊이 공감하게 될 것이다.

관심을 갖고 보면 분자생물학은 오늘날 가장 흥미로운 학문이다. 앞으로 그와 같은 길을 걸어 갈 젊은이들에게 분명 이 책이 큰 도움을 주리라 확신한다.

다다 도미오

분자의 눈으로 생명을 스케치하다

생명이란 무엇인가? 살아 있다는 것은 또 무엇일까?

아주 먼 옛날 호랑이 담배 피던 시절, 사람들은 세상 만물에 생명이 깃들어 있다고 믿었다. 물론 시간이 흐르면서 생명이 있는 것과 생명이 없는 것을 구별할 수 있게 되었다.

결론부터 말하면, 첨단을 달리는 오늘날에도 우리는 생명이란 무엇인지 정확하게 알지 못한다.

어쩌면 '생명이란 무엇인가?' 라는 물음에 끊임없이 답을 찾아 헤매는 것이 인간의 숙명인지 모른다. 예술가는 예술가대로, 철학자는 철학자대로 그리고 생물학자는 생물학의 눈높이로 생명 현상을 이해하고 또 표현하고자 했다. 특히 눈으로 확인하기 힘든 '분자' 의 관점에서 생명 현상을 규명하려는 시도가 생화학과 분자생물학이라는 학문이다.

생명을 구성하는 분자의 특징은?

생명의 최소 단위는 '세포' 라는 아주 작은 주머니이다. 이 세포를 좀 더 세분하면 '분자' 단위가 된다. 살아 있는 모든 것은 물론이고 콘크리트나 유리잔 같은 생명이 없는 무기물 역시 분자로 이루어져 있다.

물론 분자 자체에는 생명이 없다. 살아 있는 생물 분자(생체 분자)나 살아 있지 않은 무생물 분자나 물리 법칙과 화학 법칙을 따르기는 매한가지다. 그렇다면 생물 분자와 무생물 분자의 차이는 무엇일까?

생물 분자와 무생물 분자의 가장 큰 차이점은 분자가 특정 역할(기능)을 담당하느냐, 담당하지 않느냐의 차이로 귀결된다. 미국의 생화학자인 알버트 L. 레닌저(Albert L. Lehninger, 1917~1986)는 이렇게 말한다.

"생물의 경우 어떤 분자의 기능을 묻는 것은 충분히 의미 있는 질문이다. 하지만 무생물을 놓고 같은 질문을 한다는 것은 전혀 의미가 없다."(레닌저, 《생화학》, 제2판)

예를 들면 당질 분자는 생명의 에너지원으로 활동하고, 인지질 분자는 막을 형성해서 여러 분자들을 에워싸는 역할을 담당한다. 특히 수만 종류가 넘는 단백질 분자는 각자가 맡은 역할에 충실하면서 생명 현상을 영위하고 있다.

생물 분자와 무생물 분자의 또 하나의 차이점은 분자끼리 서로 상호 관계를 맺느냐, 맺지 않느냐에서 찾을 수 있다.

분자와 분자는 서로 힘이나 이온 결합 등의 형태로 물리 · 화학적인 영향을 끼치는데, 생명을 구성하는 분자는 물리 · 화학적인 상호 작용 이상의 긴밀한 관계를 맺고 있다. 생명체 안에서는 분자들이 서로 업무를 분담하거나 경쟁 혹은 명령에 따르거나 거부하면서 '사회적인' 상호 관계를 체결한다. 원래 분자 자체에는 생명이 없지만 살아 있는 생명체 안에서는 마치 살아 있는 것 처럼 종횡무진 활동한다.

유전자 · DNA와 분자생물학

지금까지 생화학이나 분자생물학은 생체 분자들의 역할과 상호 관계를 규명함으로써 생명 현상을 이해해 왔다.

생화학의 역사는 오래 전으로 거슬러 올라가는데, 18세기 말 발효 연구에서 태동하기 시작했다. 이후 발효와 소화라는 생명 현상은 효소 단백질들의 상호 작용을 통해 탄생한다는 사실이 1930년대까지 조금씩 밝혀졌다.

한편 1950년대부터 1960년대에 걸쳐 눈부시게 발전한 분자생물학의 경우 주로 물리학자들이 자신이 갖고 있던 도구(X선 회절 분석기나 세균을 감염시키는 바이러스로 주로 유전 형질의 특성을 연구하는 데 쓰이는 박테리오파지)를 이용해 유전이라는 생명 현상을 DNA와 단백질 간의 상호 작용으로 규명하려는 연구에서 태동했다. 역사적인 차이는 존재하지만 오늘날 생화학과 분자생물학을 명확하게 구분할 만한 경계는 없다.

그런데 분자의 관점에서 생명 현상을 밝히고자 하는 학문이 분자생물학이라고 한다면, DNA와 RNA라는 특정 분자에만 유독 관심이 집중되는 이유는 무엇 때문일까?

DNA는 세포핵에 존재하는 디옥시리보핵산이라는 분자이다. DNA는 부모로부터 자손에게 전해지는 유전 정보를 담당하는 분자로, 이 DNA에 새겨진 정보를 바탕으로 생명 활동이 영위된다. 따라서 혹자는 DNA를 '생명의 설계도'라고 표현한다.

세계인의 이목이 집중되는 유전자 연구는 DNA에 새겨진 유전 정보를 단서로 생명의 근원을 밝히려는 흥미진진한 시도이다. 특히 지난 사반세기에 걸친 분자생물학의 발전상은 가히 눈이 부실 정도이다. 그 결과를 바탕으로 DNA의 모든 기능을 규명하면 질병과 밀접한 관련을 맺은 분자의 기능을 알 수 있고, 의료와 건강 유지에도 도움이 될 수 있으리라 기대된다.

하지만 DNA나 RNA 분자에 주안점을 둔 분자생물학이 해명하려는 것은 생명 현상의 실체 가운데 극히 일부분에 지나지 않는다. 이런 진실을 망각한다면 인류는 단지 DNA를 해석했다고 해서 생명을 완전히 이해하고, 나아가 생명을 조작할 수 있다는 착각에 빠지고 만다.

이 책에서는 먼저 세포 안팎에서 활동하는 단백질 분자의 기능에 주목하면서 생명 현상을 이해하고, 이후 단백질의 설계 정보를 담당하는 DNA와 RNA를 자세히 살펴보려고 한다. 그리고 유전자 연구와 의료와의 접점도 깊이 있게 다루고자 한다.

분자생물학이 규명해 온 생명 현상에 대해 알면 알수록 우리가 생명에 무지하다는 사실을 새삼스레 깨닫게 될 것이다. 아울러 참으로 신비로운 생명 현상에 경탄하는 감동의 순간도 만날 수 있으리라 확신한다.

차 례

 제1부   단백질과 분자생물학

제1막 세포 극장

제2막 단백질의 얼굴

제2장 유전자와 분자생물학

단백질과
분자생물학

생물이나 무생물이나 모두 분자로 이루어져 있다. 하지만 분자의 단순한 집합이 생명의 탄생을 의미하지는 않는다. 생명을 탄생시키는 분자들은 나름 독자적인 역할을 담당하고 서로 다양한 관계를 맺으면서 생명 활동을 영위한다. 생명을 이루는 분자 가운데 가장 중요한 역할을 담당하는 주인공이 단백질 분자이다. 단백질은 어떤 분자이고 어떤 역할을 할까? 지금부터 이 소인국 배우들이 연출하는 드라마에 눈과 귀를 쫑긋 세워 보자.

제1막

세포 극장 ⁾⁾⁾⁾

살아 있는 모든 생명은 세포로 이루어져 있다. 오직 하나의 세포로 이루어진 생물(단세포생물)도 있지만 대부분의 생물은 수많은 세포가 모여 생명을 영위한다(다세포생물).

우리 인간은 약 60조 개의 세포로 이루어져 있다. 그렇다면 세포는 어떤 구조를 취하고 어떤 활동을 할까?

제1막에서는 생명의 기본 단위인 세포에 시선을 고정시켜 보자.

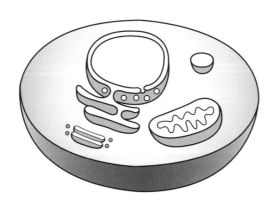

세포는 기름막으로 싸여 있다

scene / **1.1**

세포의 모양과 크기는 세포의 종류에 따라 각양각색이지만 그 기본 생김새에는 공통점이 있다.

각각의 세포는 인지질이라는 기름막(세포막)으로 싸여 있으며 막 안에는 단백질과 핵산 분자를 녹인 수용액이 들어 있다. 이때 세포막은 세포의 외부와 내부를 구분하는 막으로, 그 두께가 1mm의 10만분의 1이 채 되지 않을 정도로 얇다. 인간이나 코끼리, 그보다 더 거대한 생명체도 이 얇은 막으로 이루어진 세포가 모여 생명이 탄생한다는 점은 경이롭기 그지없다.

교과서에 등장하는 지질(기름)의 정의를 살펴보면, 지질이란 '물에는 잘 녹지 않고 벤젠 등의 유기 용매에 잘 녹는 분자'를 말한다. 그런데 세포막을 구성하는 인지질**은 지질 중에서도 조금 별종이다. 즉 동일한 분자 안에 물과 친하지 않은 부분(疏水性)과 물과 친한 부분(親水性)을 동시에 갖고 있다. 이를 '양친매성(兩親媒性, amphipathic)'이라고 한다.

좀 더 구체적으로 말하면 인지질은 글리세롤이라는 분자에 지방산과 인산이 결합한 분자로, 지방산이 결합한 부분은 물과 친하지 않고 인산이 결합한 부분은 물과 친하다.

따라서 인지질 분자를 따로 떼어 물속에 넣으면 인지질의 독특한 성질 때문에 물과 친하지 않은 부분은 물에서 멀어지고, 물과 친한 부분은 물 쪽을 향해 배열된다. 결과적으로 오른쪽 그림과 같은 이중 막을 형성하는 것이다. 바로 이것이 세포막의 기본 생김새이다.

✳✳
인지질
세포막 지질의 대부분은 인지질이지만 간혹 당지질과 콜레스테롤도 있다. 이들 지질도 인지질과 마찬가지로 친수성 부분과 소수성 부분을 동시에 갖고 있다.
또 세포막에는 막(膜)단백질 분자가 붙어 있다. 막단백질 가운데 세포막을 관통하는 분자를 '막관통 단백질'이라고 한다. 막관통 단백질에는 ① 영양물질과 이온을 수송하는 분자(운반체), ② 세포 외부의 정보를 감지해서 세포 내부로 정보를 전달하는 분자(수용체 → 82쪽 참조), ③ 세포막 양면에 있는 거대 분자를 서로 이어 붙여서 세포막의 구조를 유지하는 분자 등이 있다.

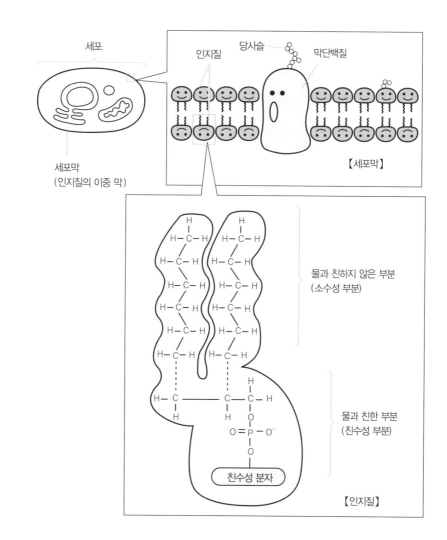

세포

세포막
(인지질의 이중 막)

인지질 당사슬 막단백질

【세포막】

【인지질】

물과 친하지 않은 부분
(소수성 부분)

물과 친한 부분
(친수성 부분)

친수성 분자

▶ 인지질을 따로 떼어 물속에 넣으면 물과 친한 부분은 물이 있는 쪽으로 향하고, 물과 친하지 않은 부
분은 물에서 멀리 떨어져 모이기 때문에 이중 막으로 생긴 '풍선'이 만들어진다.

세포 무대에서 활약하는 세포 분자들

scene **1.2**

세포 무대에서 활동하는 분자들은 어떤 것이 있을까?

앞서 소개한 세포를 에워싸서 막의 역할을 자청하는 인지질도 세포 무대에서 활동하는 대표 분자이다.

세포 분자들을 그 구조(모양, 형태)에 따라 구분하면 당질, 지질, 단백질, 핵산 등으로 크게 나눌 수 있다. 이들 가운데 주인공을 꼽는다면 뭐니 뭐니 해도 단백질이다.

단백질은 영어로 프로테인(protein)이라고 하는데, 이는 '가장 중요한'이라는 의미를 지닌 그리스어 '프로테이오스(proteios)'에서 유래한다. 샴푸나 세제 광고에 단골손님으로 등장하는 효소도 단백질이다. 세포 내부에서 일어나는 화학 반응은 효소를 통해 이루어진다(효소 이야기는 제2막에서 자세히 소개한다).

단백질은 아미노산이라는 분자를 하나로 연결한 끈 모양의 분자이며, 아미노산

● **세포를 구성하는 대표 분자와 주요 활동**

• **당질** : 세포가 살아가기 위한 에너지원이자 핵산의 주요 구성 성분.

• **지질** : 인지질은 세포막의 구성 분자. 중성지방은 에너지원의 저장 창고.

• **단백질** : 세포를 지지하는 '세포골격'과 생체 내 화학반응을 담당하는 '효소' 등 생명 활동의 중요한 분자.

• **핵산** : 디옥시리보핵산(deoxyribonucleic acid, DNA)은 단백질 제작법의 정보를 담당하며 유전자의 본체에 해당한다.

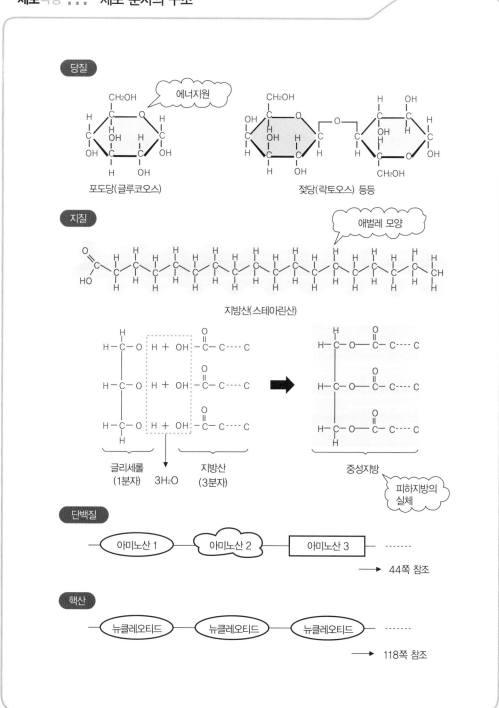

당질

CH₂OH

에너지원

포도당(글루코오스)

젖당(락토오스) 등등

지질

애벌레 모양

지방산(스테아린산)

글리세롤
(1분자)   3H₂O   지방산
(3분자)

중성지방

피하지방의
실체

단백질

아미노산 1 ─── 아미노산 2 ─── 아미노산 3 ─── ┄┄┄┄

⟶ 44쪽 참조

핵산

뉴클레오티드 ─── 뉴클레오티드 ─── 뉴클레오티드 ─── ┄┄┄┄

⟶ 118쪽 참조

을 연결하는 방법, 즉 단백질 제작법의 정보를 담당하는 분자가 디옥시리보핵산 (deoxyribonucleic acid, DNA)이다.

이와 같이 세포를 구성하는 분자들은 세포 안에서 각자 맡은 바 역할에 충실하면서 서로 긴밀한 관계를 맺고 있다.

세포 분자가 활동하는 장소

1.3

scene

세포는 경계가 되는 세포막을 중심으로 세포 안과 세포 밖으로 구분된다. 동물 세포는 물론이고 식물 세포도 세포 내부에 더 작은 구조물을 갖고 있다. 이를 '세포소기관(細胞小器官)'이라고 한다. 이 구조물은 막으로 둘러싸여 서로 구분되는 경우가 많은데, 분자들은 그 안에서 자신이 맡은 역할을 성실히 수행한다.

예를 들면 리소좀에서는 불필요해진 분자를 분해하는 전문 단백질이 활동한다. 또 미토콘드리아에서는 영양물질을 분해하여 에너지를 끄집어내는 단백질 분자

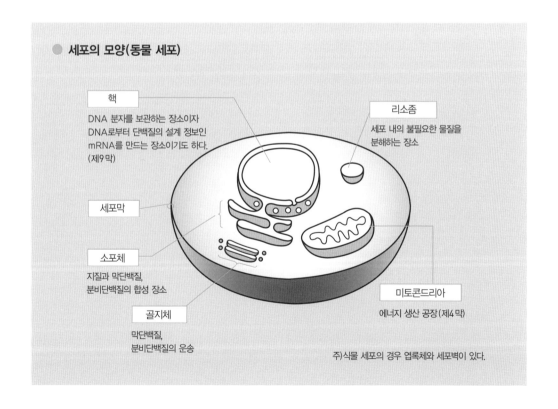

● 세포의 모양(동물 세포)

핵
DNA 분자를 보관하는 장소이자 DNA로부터 단백질의 설계 정보인 mRNA를 만드는 장소이기도 하다. (제9막)

리소좀
세포 내의 불필요한 물질을 분해하는 장소

세포막

소포체
지질과 막단백질, 분비단백질의 합성 장소

골지체
막단백질, 분비단백질의 운송

미토콘드리아
에너지 생산 공장(제4막)

주)식물 세포의 경우 엽록체와 세포벽이 있다.

들이 바쁘게 움직인다.

　이처럼 세포 내부에서는 고유의 역할을 맡은 전문 분자들이 자신의 활동 무대에서 열심히 일하고 있다. 한편 분자들은 자신의 작업장 외에 다른 작업장을 왔다 갔다 왕래하는 경우도 있다.

세포 분자가 만들어 내는 사회

1.4

scene

세포는 분자의 집합이지만 단순히 분자가 모였다고 해서 세포가 성립되는 것은 아니다. 세포 분자들은 각자 자신이 담당하는 전문 분야가 있어서 맡은 역할에 충실하면서 분자끼리 서로 밀접한 관계를 맺고 있다.

예를 들면 세포 안에는 20종 이상의 단백질이 역할을 분담하고 서로 협동하면서 포도당을 이산화탄소와 물 분자로 분해해서 생명을 유지하기 위해 필요한 에너지를 끄집어낸다.

분자 간의 상호 관계에서는 협력 관계뿐 아니라 상하 관계도 엄연히 존재한다. 가령 정보전달물질이라는 외부 분자가 세포막 근처에 도달하면 이를 감지한 수용체 단백질이 흥분해서 다른 단백질을 잇달아 자극한다. 이는 마치 팀장이 부하 직원에게 업무 지시를 내리는 것과 유사한 현상이다.

세포를 단순히 분자의 집합체라고 여기지 않는 것은 바로 이런 분자 간의 상호 관계가 존재하기 때문이다. 세포 무대에 제 아무리 훌륭한 분자 배우들이 모였어도 뿔뿔이 흩어져 개인행동만 일삼는다면 전체적인 조화나 통일은 불가능하다. 세포 무대에서 분자들이 각자 맡은 임무에 충실하면서 서로 협력하기 때문에 생명이 존립할 수 있는 것이다.

지금까지는 세포 내부를 중심으로 이야기했는데, 이제 세포 밖으로 진출해서 세포 외부의 세계를 살펴보자.

세포 밖은 어떤 모습일까?

세포가 모여 조직을 이룬다

scene / **1.5**

다세포생물인 우리 인간의 몸은 대략 60조 개의 세포들이 모여서 탄생한 공동체이다. 이들 세포 안팎에서는 수많은 분자들이 고유의 역할을 담당하는데, 분자들의 활동 방식이나 역할 분담에 따라 세포의 개성이 생겨난다.

세포막과 핵을 갖고 있다는 세포의 공통점에 세포 저마다의 개성이 가미되면서

세포극장 ::: **세포가 모여서 탄생한 조직에는 4가지가 있다!**

조직	조직의 구조	조직의 기능
상피조직	상피세포가 서로 접착해서 만들어진다.	신체 표면이나 소화관, 기관의 내면을 덮는다.
근조직	수축이 자유로운 근세포가 모여 만들어진다.	신체 운동, 위장과 심장 운동에 관여한다.
신경조직	돌기를 가진 신경세포가 모여 만들어진다.	자극에 의해 흥분하고 그 흥분을 전달한다.
결합조직	세포와 세포가 분비한 섬유로 이루어진다.	조직과 조직을 결합하거나 신체를 지지한다.

상피조직

상피세포는 서로 오밀조밀 달라 붙어서 신체 표면이나 소화관, 기관(氣管) 등의 내면을 덮는다.

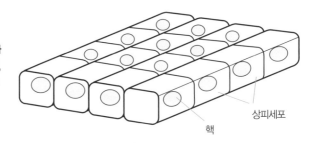

핵

상피세포

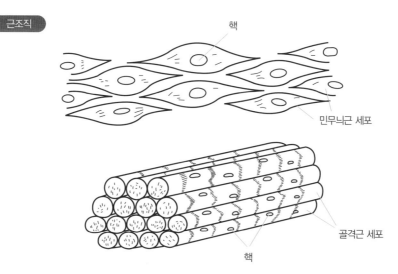

핵

민무늬근 세포

골격근 세포

핵

민무늬근은 소화관이나 혈관을 링 모양으로 에워싸며 수축과 함께 소화관을 운동시키거나 혈관 내강을 좁히거나 반대로 확장하기도 한다. 골격근은 수축을 통해 근육운동을 한다. 하나의 세포가 길고 핵을 많이 갖고 있다.

신경조직

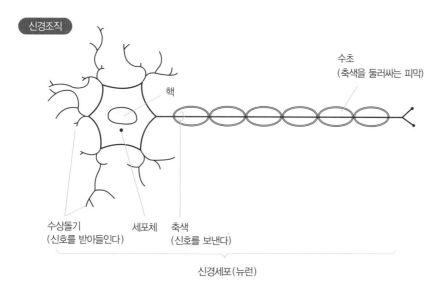

수초
(축색을 둘러싸는 피막)

핵

수상돌기
(신호를 받아들인다)

세포체

축색
(신호를 보낸다)

신경세포(뉴런)

신경세포는 수상돌기라는 나뭇가지 모양의 돌기를 통해 정보를 수신하고 축색을 통해 정보를 송신하는 세포이다. 축색 말단은 시냅스라는 특수한 구조를 이루고 있다.

피부세포 혹은 근육세포 등등의 다양한 세포로 나누어진다. 이들 세포의 종류는 200종 이상에 이른다고 한다.

세포 가운데 유사한 모양이나 기능을 가진 세포들이 모여서 조직(tissue)을 만든다. 이러한 조직은 크게 상피조직, 근조직, 신경조직, 결합조직 등 4가지로 분류할 수 있다.

●● 켜켜이 쌓인 세포가 뭉개지지 않는 이유는? – 세포외 매트릭스

앞서 말했듯이 인간의 몸은 약 60조 개의 세포로 이루어져 있다. 하나의 세포는 10만 분의 1mm도 채 되지 않는 얇은 막으로 이루어진 굉장히 부드러운 주머니이다. 이렇듯 많은 세포들이 켜켜이 쌓여 있음에도 불구하고 아래에 있는 세포가 뭉개지지 않는 이유는 무엇일까?

첫 번째 이유를 꼽는다면 세포 안에 뻗어 있는 '세포골격' 단백질이 만드는 섬유상의 구조가 존재하기 때문이다. 골격이라고 해도 뼈처럼 단단한 것이 아니라 유연하게 움직이거나 사라지기도 한다. 또 세포 모양을 결정하거나 변형시키기도 하고, 세포 내부의 분자를 움직이는 레일의 역할을 할 때도 있다.

아래 세포가 뭉개지지 않는 두 번째 이유는 세포와 세포 사이의 틈을 메우는 '세포외 매트릭스 (extracellular matrix)'[1] 덕분이다. 세포외 매트릭스는 물리적으로 조직을 지지하거나 세포를 에워싸서 세포가 튼튼하게 살아가기 위한 환경을 조성한다.

세포외 매트릭스의 주요 구성 성분은 콜라겐(collagen)[2]이라는 섬유상의 단백질이다. 세포외 매트릭스는 이외에도 콜라겐 섬유와 세포를 연결하는 피브로넥틴(fibronectin)과 라미닌 (laminin)이라는 단백질 등으로 이루어져 있다.

특히 몸을 지탱하거나 조직과 조직을 연결하는 결합조직의 경우, 세포와 세포 사이를 많은 양의 세포외 매트릭스가 메우고 있다. 예를 들면 뼈는 결합조직에 속하는데, 골아(骨芽)세포가 외부로 분비한 '타입 I 콜라겐 섬유'에 인산칼슘의 결정(히드록시아파타이트)이 결합해서 만들어진다.

세포외 매트릭스는 '철근 콘크리트'에 비유하면 이해하기가 쉽다. 골아세포가 분비한 콜라겐 섬유를 철근이라고 가정하면, 철근과 철근 사이를 메우는 시멘트에 해당하는 것이 인산칼슘 결정이다.

한편 연골은 연골세포가 분비한 콜라겐 섬유에 프로테오글리칸(proteoglycan)이라는 수분이 듬뿍 들어 있는 당단백질이 결합해서 생긴 기관이다. 프로테오글리칸은 압축에 강해서 $1cm^2$당 수백 킬로그램의 압력을 지탱할 수 있다.

---

[1] 'matrix'라는 단어의 사전적 의미는 '모체, 기반'이다('matri–'는 '모母'를 나타내는 접두어). 마찬가지로 세포도 세포외 매트릭스를 기반, 토대로 삼고 있다. 세포외 매트릭스를 '세포외 기질'이라고도 한다.

[2] 콜라겐에는 몇 가지 유형이 있는데, 타입 I 콜라겐은 피부나 뼈, 건(腱)의 주성분으로 신체 콜라겐 가운데 90%를 차지한다. 한편 타입 II 콜라겐은 연골이나 눈의 유리체 성분을 이룬다.

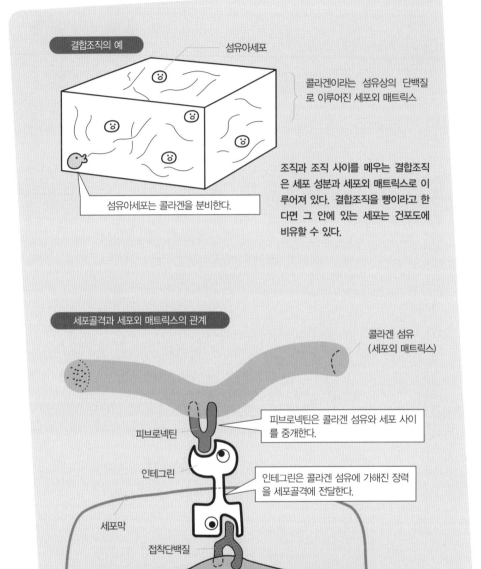

결합조직의 예

섬유아세포

콜라겐이라는 섬유상의 단백질로 이루어진 세포외 매트릭스

섬유아세포는 콜라겐을 분비한다.

조직과 조직 사이를 메우는 결합조직은 세포 성분과 세포외 매트릭스로 이루어져 있다. 결합조직을 빵이라고 한다면 그 안에 있는 세포는 건포도에 비유할 수 있다.

세포골격과 세포외 매트릭스의 관계

콜라겐 섬유
(세포외 매트릭스)

피브로넥틴

피브로넥틴은 콜라겐 섬유와 세포 사이를 중개한다.

인테그린

인테그린은 콜라겐 섬유에 가해진 장력을 세포골격에 전달한다.

세포막

접착단백질

액틴필라멘트(세포골격)

●●● 어떻게 비슷한 세포끼리 모이는 걸까?

어떻게 비슷한 세포끼리, 즉 상피세포는 상피세포끼리, 신경세포는 신경세포끼리 모일 수 있을까?

그 열쇠는 카드헤린(cadherin)■이라는 단백질이 쥐고 있다. 세포와 세포는 접착 분자라는 단백질을 매개로 서로 달라붙는데, 카드헤린은 중요한 접착 분자 가운데 하나이다. 십여 종이 넘는 카드헤린 중에서 같은 타입의 카드헤린을 가진 세포끼리 접착함으로써 비슷한 세포끼리 서로 붙게 되는 것이다.

예를 들면 상피세포는 E형 카드헤린이 서로 붙어서 상피조직을 이룬다(E형의 'E'는 '상피 epithelium'의 머리글자). 또 신경세포는 N형 카드헤린과 접착해서 신경조직을 만든다(N형의 'N'은 '신경 nerve'의 머리글자).

이처럼 카드헤린은 서로 같은 동료 세포를 모아서 연결하는 중요한 분자이다.

■ 카드헤린(cadherin)이라는 명칭에는 칼슘(calcium)의 존재하에 세포와 세포를 접착(adhesion)시키는 분자라는 뜻이 담겨 있다.

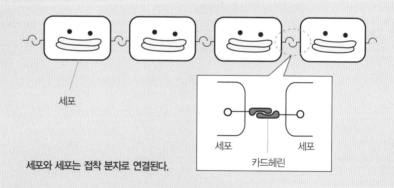

세포

세포와 세포는 접착 분자로 연결된다.

세포　　　세포

카드헤린

조직이 모여 기관을 이룬다

scene **1.6**

지금까지 세포가 모여 조직을 이룬다는 이야기를 했다. 그런데 몇 개의 조직이 모이면 기관(organ)이 탄생한다.

예를 들면 장은 내면을 덮는 상피조직과 연동운동을 위한 민무늬근 조직, 상피조직과 근조직을 결합하는 결합조직이 모여서 만들어진다. 심장은 규칙적으로 수축과 이완을 되풀이하는 근육세포(심근세포)의 조직이 모여 탄생한다.

이렇게 탄생한 기관은 서로 혈류를 매개로 긴밀하게 이어져 있으며 각각의 기

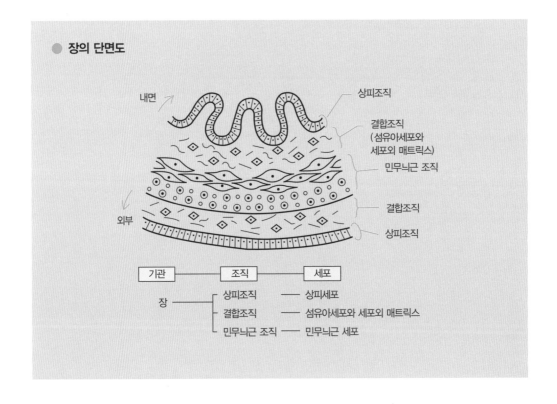

● **장의 단면도**

능을 분담하면서 신체라는 전체를 구성한다.

예를 들어 폐를 통해 받아들인 산소는 심장에서 관장하는 혈류를 매개로 전신의 기관으로 배급된다. 한편 장은 몸에 필요한 영양물을 흡수하고 신장은 불필요한 노폐물을 배출한다.

우리 몸속의 '사회'

scene **1.7**

　우리 인간의 몸은 특수한 역할을 담당하는 각각의 기관이나 조직들이 서로 관계를 맺으면서 만들어 가는 사회라고 할 수 있다. 또 기관이나 조직도 이를 구성하는 세포들이 서로 밀접한 관계를 맺으면서 꾸려 가는 사회이다.

　병리학의 아버지이자 정치가로도 명성을 떨친 루돌프 피르호(Rudolf Virchow, 1821~1902)는 인체를 세포와 세포가 만들어 내는 국가라고 표현했다. 나아가 세포 내부는 분자와 분자가 형성하는 '사회'인 것이다.

주) 세포끼리 혹은 세포의 분자끼리 서로 불협화음이 생겼을 때 병적인 사태를 야기하게 된다. 이와 관련해서는 앞으로 자세히 살펴보려고 한다.

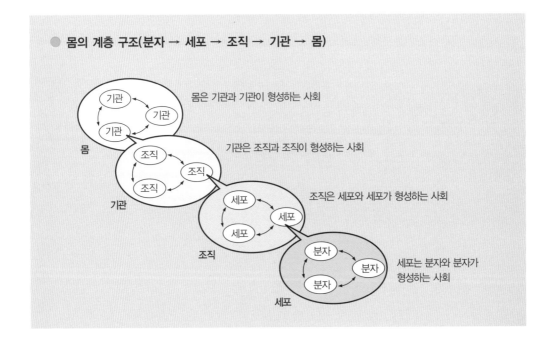

● 몸의 계층 구조(분자 → 세포 → 조직 → 기관 → 몸)

몸은 기관과 기관이 형성하는 사회

기관은 조직과 조직이 형성하는 사회

조직은 세포와 세포가 형성하는 사회

세포는 분자와 분자가 형성하는 사회

●● 세포 속의 분자는 각자 전문 역할(기능)을 갖고 있다

_ 당질, 중성지방은 에너지원으로 활동한다.

_ 인지질은 세포막과 세포소기관의 막으로 활동한다.

_ 10만 종류가 넘는 단백질은 생명 활동의 중요한 기능을 담당한다.

_ DNA(디옥시리보핵산)는 단백질 제작법이 담긴 정보에 관여한다. 유전자의 본체이다.

●● 세포의 구조

_ **세포막** : 세포를 에워싸는 막으로 주로 인지질로 이루어져 있다.

_ **세포소기관** : 세포 내부에서 일정한 기능을 갖고 있는 구조체. 특정 기능을 담당한다.

> 핵 ······················· DNA를 보관하는 창고
>
> 미토콘드리아 ········· 에너지 생산 공장
>
> 리소좀 ················ 세포 내 소화기관
>
> 소포체 ················ 막단백질, 분비단백질의 합성 장소
>
> 골지체 ················ 막단백질, 분비단백질의 수송

●● 세포가 모여 조직을 이룬다

_ 상피세포가 모여서 상피조직을 이룬다. 상피조직의 세포들을 서로 접착시키는 분자는 E형 카드헤린이다.

_ 신경세포가 모여서 신경조직을 이룬다. 신경세포의 세포들을 서로 접착시키는 분자는 N형 카드헤린이다.

_ 근세포가 모여 근조직을 만든다.

_ 결합조직은 세포와 대량의 세포외 매트릭스로 이루어져 있다.

_ 세포외 매트릭스의 주요 성분은 콜라겐이며, 콜라겐에 부착되는 화학물질의 성질에 따라 뼈처럼 딱딱한 조직이 생길 수도 있고 연골처럼 유연한 조직이 생길 수도 있다.

:: 유전자 군과 단백질 양 1

유전자 군   조금 있으면 우리 유전자를 주인공으로 한 드라마가 시작될 거야.

단백질 양   어머머, 말도 안 돼. 누가 유전자 군을 주인공이라고 그래? 오늘 무대의 주인공은 바로 나라고! '분자 중에서도 특히 중요한 분자는 단백질'이라고 방금 전에 작가 선생님이 말씀하셨잖아, 못 들었니?

유전자 군   에헤 끝까지 듣지 않았구나. '단백질 제작법의 정보를 담당하는 것은 DNA'라는 말씀 못 들었어?

단백질 양   쳇, 근데 유전자 넌 DNA라고 할 때도 있고 게놈이라고 불릴 때도 있잖아. 왜 그렇게 예명이 많니? 헷갈리게…….

유전자 군   무슨 말씀? 예명이 아니라고. 다 본명이지. 자세한 건 128쪽을 보라고!

단백질 양   암튼 난 지금 바빠. 내가 먼저 출연하거든. 화장도 좀 더 다듬고 준비해야겠다. 유전자 군이랑 노닥거릴 시간이 없다고.

유전자 군   근데 무대는 어디야? 핵 속?

단백질 양   아냐. 우선은 세포!

유전자 군   우와 굉장히 큰 무대구나. 잘 해 봐! 근데 세포는 언제 발견되었더라……, 작가 선생님 마이크 받아 주세요~.

))) 여기서 잠깐!

●● 세포의 발견

현미경이 발명된 것은 16세기 말이다. 네덜란드의 안경사 부자(父子)가 우연히 2개의 렌즈를 겹쳤다가 이것이 현미경의 발명으로 이어졌다고 한다. 현미경뿐 아니라 망원경도 같은 시기에 탄생했다고 전해진다. 렌즈 저편에 펼쳐진 미지의 세계에 당시 사람들은 아마도 흠뻑 빠졌을 것이다.

이어 17세기 중반, 물리학자이자 수학자인 로버트 훅(Robert Hooke, 1635~1703)은 자신이 만든 현미경으로 코르크를 관찰해서 코르크가 벌집처럼 작은 방으로 이루어져 있다는 사실을 발견했다(1665년). 훅은 이 작은 방을 '세포(cell)'라고 불렀는데, 이후 지구상의 모든 생명체가 세포로 이루어져 있다는 사실이 발견된 것은 19세기 중반이 지나서였다.

제2막

단백질의 얼굴 ⁾⁾⁾

세포 안에서 활동하는 다양한 분자들의 세계를 훑어보았는데, 특히 단백질은 생명 활동을 영위하는 가장 중요한 분자이다.

몸속에서 일어나는 모든 화학반응은 단백질이라는 효소가 있어야 성립한다. 또 세포 외부에 도착한 정보전달물질을 받아들여서 그 자극을 세포 내부로 전달하는 수용체도 단백질이다.

이들 단백질이 고유의 전문 역할을 맡을 수 있는 이유는 단백질마다 다른 생김새 덕분인데, 단백질의 입체 모양은 그 기능과 밀접한 관련을 맺고 있다.

여기에서는 단백질이 어떻게 입체 모양을 형성할 수 있는지에 관한 원리를 살펴보기로 하자.

얽히고설킨
이걸 한번
풀어 보고 싶다?!

단백질을 풀어 보면 하나의 끈이다

scene **2.1**

'고기와 콩에는 단백질이 듬뿍 들어 있다'고 한다. 그런데 단백질은 고기와 콩에만 있는 것이 아니다. 세포를 건조시키면 반 이상은 단백질이 차지한다. 대부분의 생명 활동은 단백질과 밀접한 관련을 맺고 있다.

그렇다면 단백질은 무엇일까?

단백질은 아미노산이라는 재료 분자를 하나로 연결한 사슬 모양의 분자이다. 콩에 들어 있는 단백질이 사슬 모양의 분자라고 하면 구체적인 모양이 떠오르지 않을 것이다. 한번 비비 꼬인 목걸이를 연상해 보자. 단백질도 하나의 사슬 분자가 복잡하게 얽히고설켜 입체 모양을 띠는 분자이다.

우리가 콩이나 육류를 통해 섭취한 단백질은 장에서 아미노산의 형태로 체내에 흡수된다. 그리고 장에서 흡수한 아미노산을 재료로 새로운 단백질을 만든다. 아미노산을 사슬 모양으로 연결한 분자를 '폴리펩티드 사슬(polypeptide chain)'이라고 한다.

그런데 생물이 이용하는 단백질의 종류는 얼마나 될까?

약 10만 개라고 할 수도 있고, 세는 방법에 따라 무한하다고도 할 수 있다. 하지만 단백질의 재료인 아미노산은 단 20종류밖에 없다. 그리고 모든 단백질이 반드시 20종류의 아미노산을 다 갖추고 있는 것은 아니다.

● 생체 아미노산의 화학식

글리신 (Gly) H | H$_2$N-CH-COOH	알라닌 (Ala) CH$_3$ | H$_2$N-CH-COOH	발린 ■ (Val) CH$_3$ | CH-CH$_3$ | H$_2$N-CH-COOH	류신 ■ (Leu) CH$_3$ | CH-CH$_3$ | CH$_2$ | H$_2$N-CH-COOH
이소류신 ■ (Ile) CH$_3$ | CH$_2$ | CH-CH$_3$ | H$_2$N-CH-COOH	세린 (Ser) OH | CH$_2$ | H$_2$N-CH-COOH	프롤린 (Pro) CH$_2$ CH$_2$　CH$_2$ | NH-CH-COOH	트레오닌 ■ (Thr) CH$_3$ | CH-OH | H$_2$N-CH-COOH
아스파라긴산 (Asp) COOH | CH$_2$ | H$_2$N-CH-COOH	아스파라긴 (Asn) NH$_2$ | C=O | CH$_2$ | H$_2$N-CH-COOH	글루탐산 (Glu) COOH | CH$_2$ | CH$_2$ | H$_2$N-CH-COOH	글루타민 (Gln) NH$_2$ | C=O | CH$_2$ | CH$_2$ | H$_2$N-CH-COOH
히스티딘 (His) CH HN　N C=CH | CH$_2$ | H$_2$N-CH-COOH	리신 ■ (Lys) NH$_2$ | CH$_2$ | CH$_2$ | CH$_2$ | CH$_2$ | H$_2$N-CH-COOH	시스틴 (Cys) SH | CH$_2$ | H$_2$N-CH-COOH	아르기닌 (Arg) H$_2$N　NH C | NH | CH$_2$ | CH$_2$ | CH$_2$ | H$_2$N-CH-COOH
메티오닌 ■ (Met) CH$_3$ | S | CH$_2$ | CH$_2$ | H$_2$N-CH-COOH	페닐알라닌 ■ (Phe) (벤젠 고리) CH$_2$ | H$_2$N-CH-COOH	티로신 (Tyr) OH (벤젠 고리) CH$_2$ | H$_2$N-CH-COOH	트립토판 ■ (Trp) (인돌 고리) CH$_2$ | H$_2$N-CH-COOH

　는 곁사슬을 나타내는데, 곁사슬은 아미노산의 개성이다. ■ 는 인간의 필수 아미노산.

▶ 아미노산의 종류는 많지만 생체 단백질을 구성하는 아미노산은 20종이다. ■ 표시의 아미노산 8종은 사람의 세포에서는 합성하지 못하므로 음식물로 섭취해야 한다는 의미에서 '필수 아미노산'이라고 한다.

하나의 사슬이 입체 모양을 이루기까지

그럼 이번에는 사슬 모양의 아미노산이 입체 분자로 변신하는 과정을 살펴보자.

먼저 아미노산의 일차원 배열 순서를 '일차 구조'라고 한다. 아미노산과 아미노산이 결합하는 장소, 즉 펩티드 결합(−CONH−) 안에 있는 수소 원자(H)는 전기적으로 플러스를 띠고 산소 원자(O)는 전기적으로 마이너스를 띠기 때문에 서로 끌어당긴다(수소 결합). 결과적으로 아미노산으로 이루어진 사슬, 즉 폴리펩티드 사슬은 나선 구조 혹은 지그재그 구조를 취하게 된다. 이처럼 좁은 범위에서의 입체 구조를 '이차 구조'라고 한다.

이차 구조에서 나아가 같은 폴리펩티드 사슬 가운데 아미노산의 곁사슬끼리 전기적 인력으로 서로 끌어당기거나(이온 결합) 강하게 결합하면서(황 원자끼리의 디설피드 disulfide 결합, S−S 결합) 복잡한 입체 구조를 형성한다.

또한 아미노산에도 물에 잘 녹는 친수성 부분과 물에 잘 녹지 않는 소수성 부분이 있어서, 친수성 아미노산이 표면으로 이동하고 소수성 아미노산은 물에서 멀어지게끔 안으로 콕 박히는 구조가 된다. 이처럼 아미노산 사슬은 다양한 힘에 따라 독특한 모양을 형성한다(삼차 구조).

이렇게 해서 만들어진 폴리펩티드 사슬이 여러 개 모여서 단백질로 활동하는 경우, 그 전체적인 입체 구조를 '사차 구조'라고 한다. 적혈구의 헤모글로빈 단백질은 4개의 폴리펩티드 사슬 단위(서브유닛)로 구성된다. 여기까지는 교과서에서 흔히 접할 수 있는 내용이다. 하지만 단백질이 어떻게 이처럼 독특한 입체 구조를 형성하게 되었는지에 관해서는 조금씩 밝혀지고 있지만 아직 완벽하게 규명된 것은 아니다. 이것은 '구조생물학'이라는 새로운 학문이 도전하고 있는 연구 과제이다.

1 아미노산의 화학식

겉사슬

아미노기   카르복실기

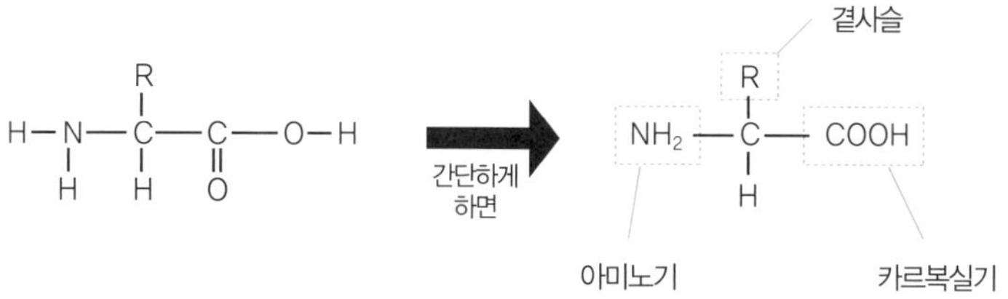

2 아미노산과 아미노산이 결합한다

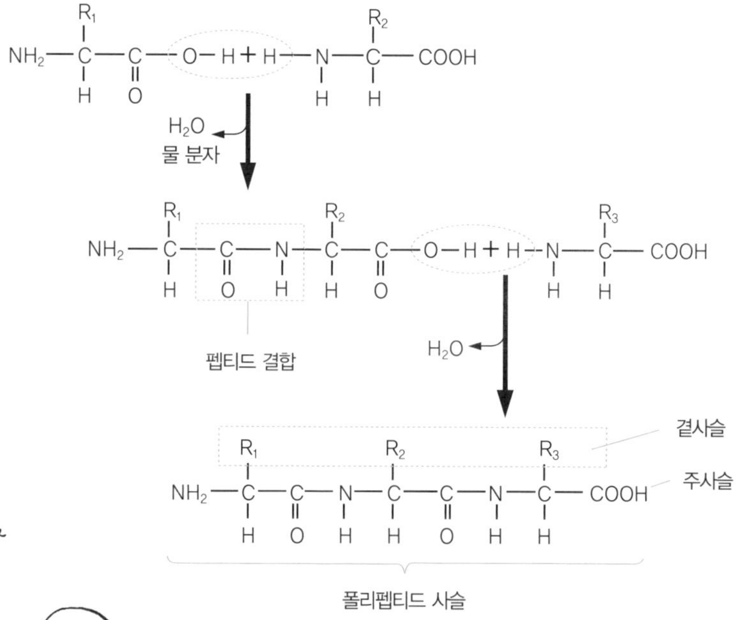

H_2O
물 분자

펩티드 결합

H_2O

겉사슬
주사슬

폴리펩티드 사슬

1 단백질을 구성하는 아미노산은 1개의 탄소 원자(C)에 아미노기($-NH_2$)와 카르복실기($-COOH$), 수소기($-$H), 그리고 나머지 기(겉사슬, $-R$)가 결합한 분자이다.

2 한 아미노산의 아미노기와 다른 아미노산의 카르복실기 사이에서 결합이 일어나면 사슬 분자가 생긴다. 이를 '펩티드 결합(peptide bond)'이라고 한다. 또 펩티드 결합으로 만들어진 사슬을 '폴리펩티드 사슬'이라고 한다. 단백질이란 아미노산이 50여 개 이상 연결된 거대한 폴리펩티드 사슬이다.

● 일차 구조

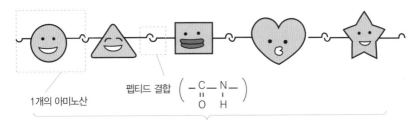

펩티드 결합 $\begin{pmatrix} - & C & N & - \\ & \parallel & \mid & \\ & O & H & \end{pmatrix}$

1개의 아미노산

아미노산의 일차원 배열 순서를
'일차 구조'라고 한다.

● 이차 구조

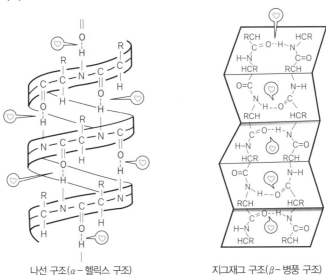

나선 구조(α – 헬릭스 구조)   지그재그 구조(β – 병풍 구조)

▶ 아미노산과 아미노산의 결합 부위, 즉 펩티드 결합에서 산소 원자는 전기적으로 마이너스를 띠고 수소
원자는 플러스를 띠기 때문에 서로 끌어당긴다(수소 결합). 이 인력에 따라 아미노산 사슬(폴리펩티드 사
슬)은 나선 구조 혹은 지그재그 구조를 취한다. 이를 '이차 구조'라고 한다.

● 삼차 구조

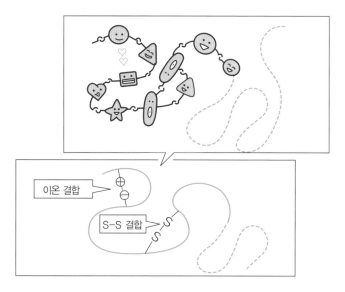

▶ 아미노산의 곁사슬끼리 전기적 인력으로 서로 끌어당기거나 (이온 결합) 강하게 결합하면 (황 원자끼리의 디설피드 결합, S-S 결합) 폴리펩티드 사슬은 복잡한 입체 구조를 취한다. 이것이 '삼차 구조'이다.

● 사차 구조

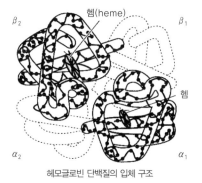

헤모글로빈 단백질의 입체 구조

▶ 삼차 구조의 폴리펩티드 사슬이 여러 개 모여서 단백질 기능을 완벽하게 발휘하는 경우, 그 전체적인 입체 구조를 '사차 구조'라고 한다. 예를 들면 산소를 운반하는 헤모글로빈 단백질은 4개의 폴리펩티드 사슬이 모인 것이다.

하이라이트))))

제2막

● ● 생명 활동에서 가장 중요한 기능을 맡고 있는 분자가 단백질이다.

● ● 단백질마다 고유의 역할을 담당할 수 있는 이유는 각각의 단백질이 독
특한 모양을 형성하기 때문이다.

● ● 단백질은 아미노산이 한 줄로 연결돼서 만들어진 분자이다. 단백질을
구성하는 아미노산은 20종류가 있다.

● ● 다수의 아미노산이 펩티드 결합으로 연결된 물질을 폴리펩티드라고 한
다. 단백질은 50여 개 이상의 아미노산으로 이루어진 폴리펩티드이다.

● ● 아미노산의 입체 구조

− 아미노산의 일차원 배열 순서를 일차 구조라고 한다.

− 아미노산과 아미노산의 결합 부위에서 산소 원자는 마이너스 전하를 띠고
(전기 음성도가 높다) 수소 원자는 플러스 전하를 띠기(전기 음성도가 낮다)
때문에 서로 수소 결합을 형성한다. 이 수소 결합에 따라 폴리펩티드 사슬
은 나선 구조 혹은 지그재그 구조를 취한다(이차 구조).

− 이차 구조를 취한 단백질은 이온 결합, S−S 결합 등으로 보다 복잡한 입
체 구조(삼차 구조)를 형성한다.

− 복수의 폴리펩티드 사슬이 모여서 단백질의 기능을 발휘할 때, 그 전체를
사차 구조라고 한다.

제3막
단백질의 활동

    단백질은 독특한 모양(입체 구조)에 따라 특수한 역할(기능)을 담당하는데, 단백질의 제작 설계 정보를 담당하는 분자가 디옥시리보핵산(DNA)이다. DNA 안에는 어떤 아미노산을 어떤 순서로 배열할 것인가 하는 정보가 새겨져 있다.

    제2부에서는 DNA와 단백질의 상관도를 살펴보려고 한다. 그 전에 단백질의 눈부신 활약상을 효소 단백질을 예로 들어 좀 더 자세히 알아보기로 하자.

    서로 협력하고 다른 단백질의 활성을 조절하는 효소 단백질의 활동을 통해 살아 있는 분자는 각자 역할을 분담하고 상호 관계를 맺고 있다는 진실을 다시 한 번 확인할 수 있다.

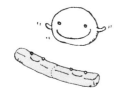   

효소 단백질의 불가사의한 능력

scene / **3.1**

우리 몸속에서 일어나는 모든 화학반응은 효소(enzyme)가 없으면 불가능하다. 효소는 생체 내의 특정 화학반응을 엄청나게 빠른 속도로 촉진시키는 단백질이다. 실험실에서 복잡한 화학 반응을 이뤄내기 위해서는 며칠, 몇 주 넘게 걸린다. 하지만 섭씨 37℃ 전후의 온도에서 눈 깜짝할 사이에 해치운다. 어떻게 이런 일이 가능할까?

예를 들어 세포 안에서 'A'라는 분자와 'B'라는 분자를 합체시킨 'A-B'라는 분자를 만드는 화학반응을 생각해 보자.

효소가 없다면 세포 안의 A분자와 B분자가 서로 만나도 A-B 합체 분자가 만들어지지 않는다. 그런데 A분자와 B분자를 꽉 붙잡아서 서로 대면시키는 '서포트 분자'가 있다면 바로 A-B분자가 만들어진다. 이 서포트 분자를 효소라고

미니**세포**극장 ::: 효소는 활성 부위에서 기질과 결합해 생성물을 만든다

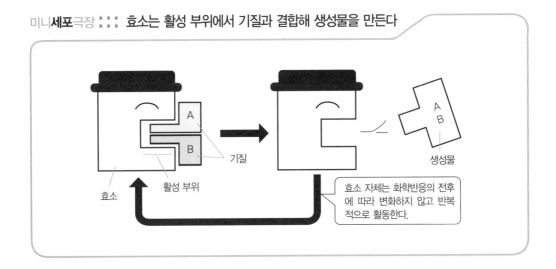

기질

생성물

효소   활성 부위

효소 자체는 화학반응의 전후에 따라 변화하지 않고 반복적으로 활동한다.

한다.

　효소는 화학반응을 성사시키는 상대 분자(기질, substrate)와 열쇠와 열쇠 구멍처럼 결합함으로써 화학반응을 촉진하고, 결과적으로 생성물(product)을 만들어 낸다. 효소가 기질과 결합하는 장소를 활성 부위(active site)라고 한다.

효소 단백질은 배타적이다

scene 3.2

효소 단백질은 활성 부위에서 화학반응을 촉진하는데, 특정 화학반응에만 관여하는 배타적인 성향을 띤다.

예를 들면 A 분자와 B 분자를 합체시켜서 A – B 분자를 만드는 효소라면 이 화학반응에만 관여한다. 요컨대 X 분자와 Y 분자를 결합시켜 X – Y 분자를 만드는 화학반응에는 또 다른 효소가 관여한다는 것이다.

일반적으로 효소의 입체 모양과 효소가 화학반응을 촉진시키는 상대 분자(기질)의 입체 모양 사이에는 일대일 관계 혹은 열쇠와 열쇠 구멍의 관계가 성립한다. 이를 '효소의 기질 특이성'이라고 한다. 이와 같은 성질로 인해 각각의 효소는 하나의 특수한 화학반응만을 촉진한다. 달리 표현한다면 화학반응의 종류만큼 많은 효소가 존재하는 셈이다. 지금까지 수천 종류 이상의 효소가 밝혀졌다.

미니**세포**극장 ⁞⁞⁞ **효소와 기질은 열쇠와 열쇠 구멍의 관계**

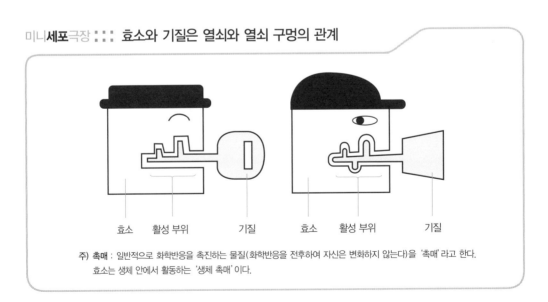

효소　활성 부위　기질　　효소　활성 부위　기질

주) 촉매 : 일반적으로 화학반응을 촉진하는 물질(화학반응을 전후하여 자신은 변화하지 않는다)을 '촉매'라고 한다.
효소는 생체 안에서 활동하는 '생체 촉매'이다.

효소들의 협동 작업

3.3

scene

　각각의 효소는 자신이 맡은 특정 화학반응에만 관여하는데, 효소 1이 A분자를 B분자로, 효소 2가 B분자를 C분자로, 효소 3이 C분자를 D분자로 만드는 식으로 효소들은 마치 공장의 컨베이어 시스템처럼 서로 협력 작업을 구축한다.

　예를 들면 영양물질의 대표인 포도당은 최종적으로 이산화탄소 분자(CO_2)와 물 분자(H_2O)로 분해되어 에너지가 만들어지는데, 그 과정에서 20종류 이상의 효소들이 협동 작업에 가담한다.

● 효소들의 협동 작업

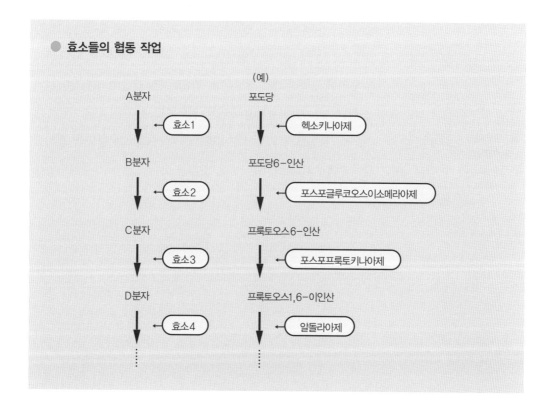

효소는 절묘한 타이밍으로 움직인다

scene / **3.4**

효소들이 서로 협력해서 하나의 협동 작업을 완수하는 화학반응을 살펴보았다.

이와 같은 일련의 화학반응으로 최종 산물 분자가 세포 안에 쌓이기 시작하면, 최종 산물 분자는 최초 반응에 가담했던 효소와 결합해 효소의 활성(활동 능력)을 저하시킨다. 이를 '피드백 억제'라고 한다. 이 원리에 따라 최종 산물이 과나하게 만들어지지 않는 것이다.

첫 단계 화학반응을 담당하고 아울러 그 화학반응의 최종 산물을 통해 활성이 억제되는 효소를 '알로스테릭 효소(allosteric enzyme)'** 라고 한다.

알로스테릭 효소에는 2가지 부위가 있다. 하나는 활성 부위로 화학반응을 촉진시키는 장소이다. 또 하나는 조절 부위(알로스테릭 부위)로, 여기에 최종 산물이 결합하면 활성 부위의 모양이 변하기 때문에 효소로서의 활성이 떨어진다.

그 결과 최종 산물의 농도가 떨어져서 조절 부위로부터 최종 산물이 이탈하게 되면 활성 부위 형태가 처음으로 되돌아가기 때문에 다시 효소는 활동을 개시할 수 있다. 이와 같이 알로스테릭 효소는 세포 내 최종 산물의 농도를 감지하면서 휴식 혹은 활동을 반복한다.

✳✳
알로스테릭 효소
알로스테릭이라는 단어에서 '알로'란 '다른', '스테릭'은 '입체 모양'을 의미한다. 즉 알로스테릭이란 2가지 이상의 입체 모양을 취한다는 뜻이다. 알로스테릭의 또 다른 의미로 '다른 장소의'라는 뜻이 있다. 효소의 활성 부위와는 다른 장소, 즉 조절 부위에 최종 산물이 결합함으로써 활성이 변하는 효소가 바로 알로스테릭 효소이다.

세포극장 ::: 알로스테릭 효소와 피드백 억제

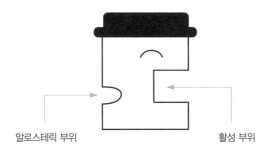

알로스테릭 부위   활성 부위

▶ 알로스테릭 효소에는 그 기능을 발휘하는데 중요한 장소가 두 군데 있다.

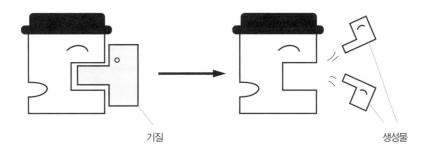

기질   생성물

▶ 활성 부위에는 기질이 결합하여 생성물이 생긴다.

▶ 알로스테릭 부위에 특이적으로 결합하는 분자가 발생하며, 활성 부위의 입체 구조가 변해서 기질
　이 더 이상 활성 부위에 결합하지 못한다.

단백질 스위치 이야기

scene **3.5**

알로스테릭 효소에 최종 산물 분자가 결합하면 그 효소의 활동 능력(활성)이 저하된다는 사실을 살펴보았다. 이처럼 대부분의 단백질 활성은 다른 분자의 결합에 따라 크게 변모한다.

미니**세포**극장 ::: 인산화에 따른 단백질의 활성 조절

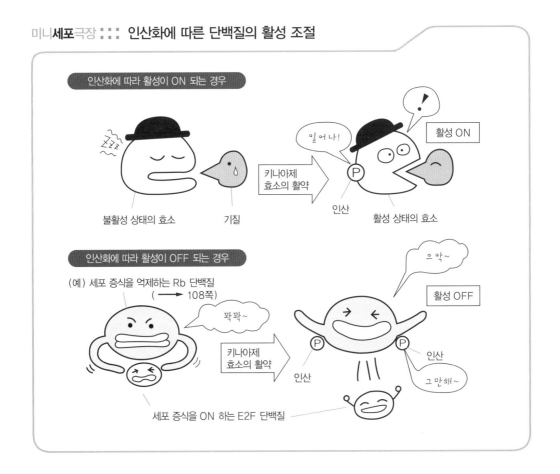

특히 인산 분자가 단백질과 결합하면 그 단백질의 활성이 크게 바뀌는 경우가 있다. 단백질에 인산을 결합시키는 효소를 '키나아제(Kinase)'라고 한다. 반대로 단백질에서 인산을 떼어내는 효소를 '포스파타아제(Phosphatase)'라고 한다. 키나아제와 포스파타아제의 활동으로 단백질의 활성이 커지거나(on) 꺼지는(off) 조절 방법도 있다.

하이라이트))))

●● 효소(enzyme)는 몸 안에서 특정 화학반응을 엄청나게 빠른 속도로 촉진시키는 단백질이다(생체 촉매).

●● 효소는 활성 부위(active site)에서 기질(substrate)과 열쇠와 열쇠 구멍처럼 결합해, 화학반응을 촉진하고 생성물(product)을 만들어 낸다.

●● 효소의 활성 부위는 특정 기질하고만 결합한다. 이를 '효소의 기질 특이성'이라고 한다.

●● 효소는 서로 협력해서 일련의 협동 작업인 화학반응을 생성한다.

●● 일련의 화학반응으로 최종 산물 분자가 세포 안에 쌓이기 시작하면, 최종 산물 분자는 최초 반응에 가담했던 효소의 알로스테릭 부위와 결합해서 효소의 입체 구조를 변화시키고 효소의 활성을 저하시킨다. 이를 '피드백 억제'라고 한다.

●● 효소뿐 아니라 대부분의 단백질 활성은 다른 분자의 결합에 따라 크게 변모한다. 특히 인산 분자가 단백질과 결합하면 그 단백질의 활성이 크게 변하는 경우가 있다.

제4막

호흡 이야기))))

세포 안에서는 수많은 분자가 자신의 전공을 살려 맹활약을 펼치고 있는데, 이때 활동의 근간이 되는 에너지를 세포호흡을 통해 만들어 낸다.

제3막에서는 효소 단백질의 성질을 관찰하면서 효소의 기본 활약상을 살펴보았다. 제4막에서는 호흡이라는 일련의 반응 속에서 어떤 효소가 어떻게 활약하는지, 그 드라마를 시청해 보자.

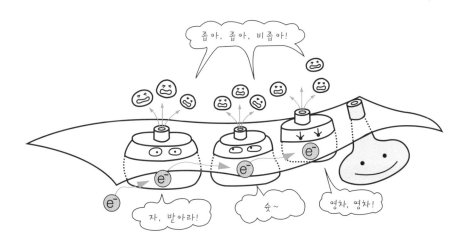

호흡의 2가지 양식

보통 숨을 멈춘 채 30초만 있어도 괴로운 표정을 짓게 마련이다. 이처럼 산소를 마시고 이산화탄소를 내뱉는 호흡은 생명 현상의 기본 활동이다.

우리가 들이마신 산소 분자(O_2)는 기관지를 통해 폐에 도착한다. 폐는 허파꽈리라는 작은 방이 6억 개 이상이나 모여서 이루어진 장기이다. 허파꽈리의 표면적을 합하면 약 60㎡나 된다고 한다. 허파꽈리의 표면은 얇은 막으로 이루어져 있으며 안에는 모세혈관이 통과한다. 이 허파꽈리에 도착한 산소 분자는 허파꽈리 표면의 모세혈관을 지나는 혈액 속의 헤모글로빈 단백질에게 건네진다. 헤모글로빈 단백질이 운반하는 산소 분자는 전신의 세포로 골고루 퍼진다. 그리고 세포는 산소를 받아들이고 이산화탄소를 방출한다.

전신의 세포에서 나온 이산화탄소 분자(CO_2)는 정맥혈 속으로 녹아들어 가 폐로 향한다. 이것이 허파꽈리 표면의 모세혈관에 도착하면 허파꽈리 속으로 돌진, 날숨으로 배출된다. 이처럼 신체와 외계 사이에서 이루어지는 기체 교환 활동을 '외호흡(外呼吸)'이라고 한다.

그런데 전신의 세포가 산소 분자를 필요로 하는 이유는 포도당 등의 영양물질을 분해해서 생명 활동을 위한 에너지를 얻기 위해서이다. 이때 이산화탄소가 방출된다. 세포가 영양물질을 분해해서 에너지를 얻는 과정을 '세포호흡(내호흡)'**이라고 한다. 세포호흡에는 산소 분자가 필요한 '호기호흡(好氣呼吸)'과 산소 분자가 필요 없는 '혐기호흡(嫌氣呼吸)'이 있다.

**
세포호흡(내호흡)
외호흡을 통해 흡수한 산소가 체내 세포로 운반되어 소비되기 때문에, 세포호흡을 외호흡과 구별해서 내호흡이라고 부르는 경우도 있다.

세포극장 ::: 호흡의 2가지 양식

활성 상태의 효소

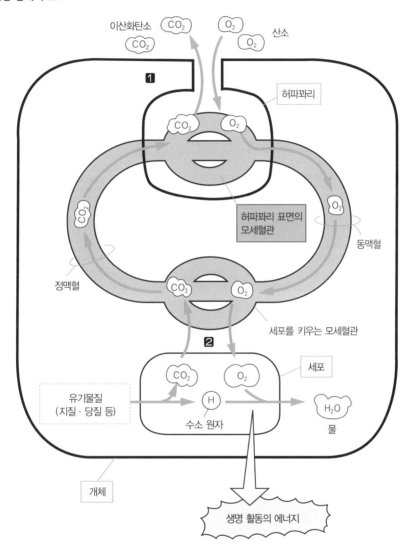

이산화탄소 CO_2 CO_2

O_2 O_2 산소

1

허파꽈리

CO_2 O_2

CO_2 허파꽈리 표면의 모세혈관 O_2

정맥혈 동맥혈

CO_2 O_2

세포를 키우는 모세혈관

2

CO_2 O_2 세포

유기물질
(지질 · 당질 등) H 수소 원자 H_2O 물

개체

생명 활동의 에너지

1 신체의 안과 밖에서 산소와 이산화탄소를 교환하는 활동을 '외호흡'이라고 한다.

2 세포가 당질이나 지질 등의 유기물을 분해해서 생명 활동의 에너지를 얻는 작업을 '세포호흡(내호흡)'이라고
한다. 이때 산소를 이용하는 호흡을 '호기호흡', 산소를 이용하지 않는 호흡을 '혐기호흡'이라고 한다.

충전식 배터리, ATP

scene 4.2

포도당 등의 영양물질을 분해해서 얻은 에너지는 일단 ATP(아데노신5' 3인산) 분자에 저장된다. ATP는 ADP(아데노신5' 2인산) 분자에 인산이 하나 더해져서 생긴 분자이다. 이 결합에는 외부의 에너지 주입이 필요한데, 영양물질을 분해했을 때 방출되는 에너지가 이 결합에 이용된다. 또 필요에 따라 ATP는 ADP로 분해되고, 이때 에너지가 방출된다.

이렇게 ATP에서 방출되는 에너지로 체온을 높이거나 근육을 움직이거나 복잡한 분자를 조립하는 등의 생명 활동에 쓰인다.

ADP를 에너지가 바닥난 충전식 배터리에 비유한다면, ATP는 빵빵하게 충전된 배터리라고 할 수 있다. 100% 충전된 배터리로 기계를 작동할 수 있듯이,

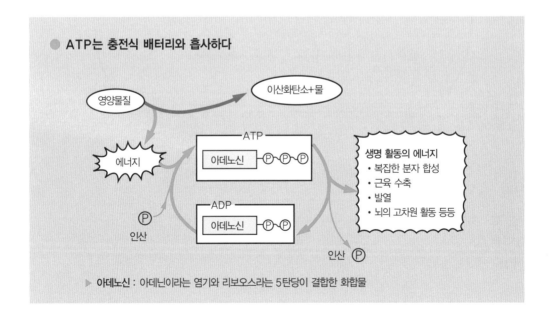

● ATP는 충전식 배터리와 흡사하다

▶ 아데노신 : 아데닌이라는 염기와 리보오스라는 5탄당이 결합한 화합물

ATP에서 방출되는 에너지를 통해 우리의 생명 활동은 영위된다. 그런 의미에서 ATP를 에너지의 화폐라고 한다.

세포호흡의 3단계

scene 4.3

세포호흡의 과정은 크게 해당계, 시트르산 회로, 전자전달계의 3단계로 나눌
수 있다.

● **세포호흡의 흐름**

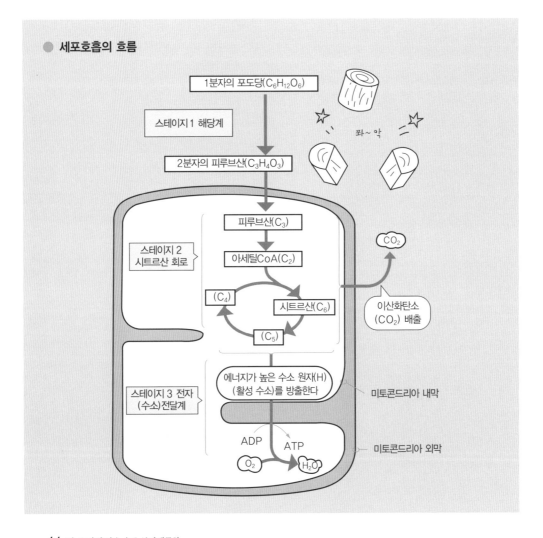

장작 쪼개기, 해당계

4.4

scene

영양물질의 대표주자인 포도당을 분해해서 에너지를 얻는 세포호흡의 첫 번째 무대는 해당계(解糖系)이다. 이는 하나의 포도당 분자($C_6H_{12}O_6$: 1분자 속에 탄소 원자 6개)를 2개의 피루브산 분자($C_3H_4O_3$: 1분자 속에 탄소 원자 3개)로 분해하는 화학반응으로, 하나를 두 개로 쪼갠다는 의미에서 '장작 쪼개기'와 아주 흡사하다.

해당은 세포질 졸(sol)** 에 있는 10가지 효소에 의해 이루어지는 10단계의 화학반응이다. 이를 하나의 화학반응식으로 정리하면 다음과 같다.

**
세포질 졸
세포막으로 둘러싸인 세포의 내용물 가운데 핵이나 미토콘드리아 등의 막으로 둘러싸인 세포소기관을 제외한 구역.

■ 해당계(세포질 졸에서)
$$C_6H_{12}O_6 \rightarrow 2\ C_3H_4O_3 + 4H(+2ATP)$$

미니**세포**극장 ⁞⁞⁞ **장작 쪼개기, 해당계**

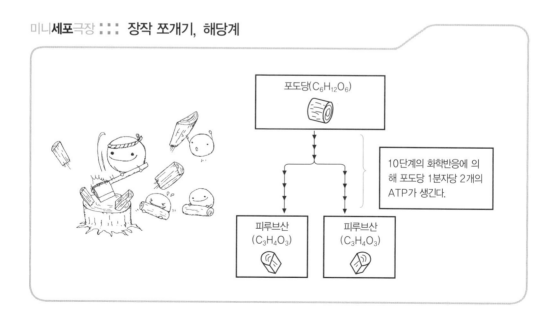

포도당($C_6H_{12}O_6$)

10단계의 화학반응에 의해 포도당 1분자당 2개의 ATP가 생긴다.

피루브산 ($C_3H_4O_3$)

피루브산 ($C_3H_4O_3$)

이 화학반응으로 포도당에서 에너지를 뽑아내는데, 포도당 1분자당 2개의 ATP 가 만들어진다. 화학식에서 알 수 있듯이, 해당계 과정에서는 산소 분자가 필요하지 않다.

해체 작업, 시트르산 회로

4.5

해당(解糖) 과정에서 생긴 피루브산($C_3H_4O_3$)은 이중 막으로 형성된 세포소기관인 미토콘드리아로 운반된다. 이곳이 세포호흡 2단계, 즉 시트르산 회로의 무대이다.

시트르산 회로에서 피루브산은 수소 원자를 유리하는 탈수소 효소와 이산화탄소를 유리하는 탈탄소 효소의 공동 작업으로 이산화탄소(CO_2)와 수소 원자(H)로 분해된다.

■ 시트르산 회로(미토콘드리아 안에서)

$$2\ C_3H_4O_3 + 6\ H_2O \rightarrow 6\ CO_2 + 20\ H\ (\ +\ 2\ ATP)$$

이 과정에서 생성된 이산화탄소는 세포 밖으로 나와 혈액을 타고 폐에 도착한 뒤 날숨으로 배출된다. 우리가 평소 내뱉는 이산화탄소는 시트르산 회로에서 형성된 분자이다.

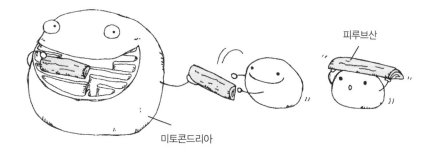

피루브산

미토콘드리아

한편 피루브산에서 유리된 수소 원자는 이후 미토콘드리아의 안쪽 막(내막)에 있는 전자전달계 단백질군(群)의 활동으로 최종적으로 산소 분자와 반응해서 물 분자가 된다.

시트르산 회로 과정은 산소 분자를 소비하는 반응은 아니지만, 산소가 없는 상황에서는 시트르산 회로에서 생긴 수많은 수소 원자를 이후 단계인 전자전달계에서 제대로 처리하지 못하므로 시트르산 회로의 반응도 산소가 없으면 연쇄적으로 정지하게 된다.

:: 시트르산 회로의 흐름

미토콘드리아로 운반된 피루브산은 피루브산 탈수소 효소 복합체의 탈수소 반응과 탈탄소 반응을 통해 아세틸CoA(acetyl‒coenzyme A, 아세틸 조효소 A) 분자가 된다.

● 시트르산 회로

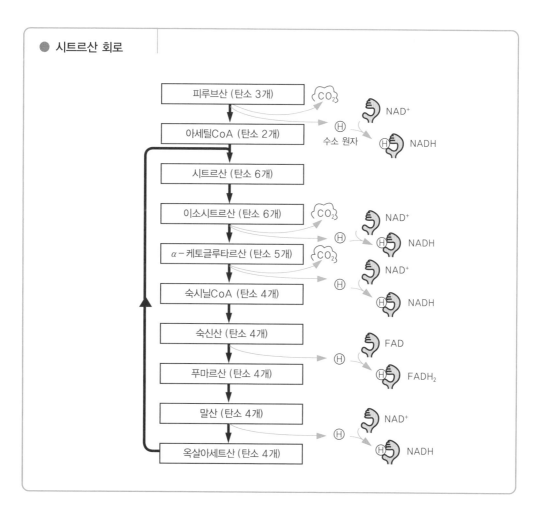

아세틸CoA는 옥살아세트산 분자와 물 분자에 아세틸기를 결합시켜 시트르산 분자를 만든다. 이 반응의 매개 분자는 시트르산 합성효소이다. 시트르산은 여러 효소의 탈수소 반응과 탈탄소 반응을 거쳐 옥살아세트산이 되고, 다시 시트르산 합성 궤도에 오른다.

시트르산 회로를 통해 피루브산에서 유리된 수소 원자는 NAD^+(nicotinamide adenine dinucleotide)와 FAD(flavin adenine dinucleotide)라는 운반 분자의 활동으로 NADH와 $FADH_2$가 되어 전자전달계 단백질군에 건네진다.

전자전달 극장

4.6

scene

세 번째 단계는 미토콘드리아 내막이 그 무대가 된다.

해당계와 시트르산 회로를 거치면서 포도당에서 추출된 수소 원자(H)는 전자(e^-)가 유리된 수소 이온(H^+)이 된다.

수소 원자에서 분리된 전자는 미토콘드리아 내막에 진을 치고 있는 전자전달계 단백질군을 통해, 마치 배구 경기의 토스 방식과 같이 순차적으로 운반되면서 최종적으로 산소 분자에 건네져 O_2^-가 되고, 수소 이온과 반응해서 물이 된다. 이 반응을 전자전달계라고 한다.

한편 전자가 미토콘드리아 내막에서 순차적으로 운반될 때, 전자가 방출하는 에너지의 영향으로 미토콘드리아 내부('매트릭스'라고 부르는 부분)의 수소 이온이 내막과 외막 사이, 즉 이중 막의 막간(膜間)으로 이동한다. 수소 이온은 플러스 전하를 띤 입자이기 때문에, 좁은 공간에 같이 있다 보면 서로 반발하면서 밀쳐 내기 마련이다. 그러다가 출구를 발견하고 미토콘드리아 내부, 즉 매트릭스의 드넓은 공간으로 탈출하기 시작한다. 이때 출구란 바로 미토콘드리아 내막에 진을 치고 있는 ATP 합성효소라는 단백질이다.

ATP 합성효소는 문의 손잡이처럼 생긴 분자로 실제로 회전이 가능하다. 내막과 외막 사이에서 떠돌던 수소 이온이 ATP 합성효소를 통과할 때 ATP 합성효소는 1초 동안 30회라는 빠른 속도로 회전하면서 ATP를 만든다. 이는 마치 폭포의 물이 떨어질 때 수차가 돌아가는 장면이나 혹은 댐의 물이 떨어질 때 터빈(turbine)을 돌려 발전하는 경우와 흡사하다. 그런 의미에서 ATP 합성효소를 흔히 '분자 터빈'에 비유하기도 한다.

■ 전자전달계(미토콘드리아 내막에서)

$24\,H + 6\,O_2 \rightarrow 12\,H_2O\ (+34ATP)$

$(24\,H \rightarrow 24\,H^+ + 24\,e^-,\ 24\,H^+ + 24\,e^- + 6\,O_2 \rightarrow 12\,H_2O)$

1

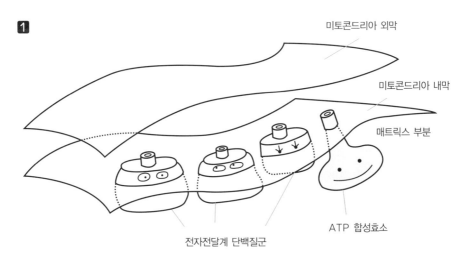

미토콘드리아 외막

미토콘드리아 내막

매트릭스 부분

ATP 합성효소

전자전달계 단백질군

미토콘드리아는 외막과 내막의 이중 막으로 이루어진 세포소기관이다. 미토콘드리아 내막에는 전자전달계 단백질군과 ATP 합성효소가 가득 채워져 있다. 세포막이나 미토콘드리아 등의 세포소기관의 막은 주로 인지질과 막단백질로 구성되지만, 미토콘드리아 내막의 경우 표면적 가운데 80%가 전자전달계 단백질군과 ATP 합성효소 단백질로 이루어져 있다.

2

수소 이온

좁아, 좁아, 비좁아!

막간 부분

미토콘드리아 내막

매트릭스 부분

e⁻

자, 받아라!

숏~

영차, 영차!

시트르산 회로를 통해 포도당 등의 영양물질에서 유리된 수소 원자는 전자와 수소 이온이 된다(H→H⁺+e⁻). 전자는 전자전달계 단백질군 사이를 마치 배구 경기의 토스 방식과 같이 순차적으로 전달되어 간다. 이때 전자가 방출하는 에너지의 영향으로 수소 이온은 미토콘드리아의 매트릭스 부분에서 막간 부분으로 이동한다.

③

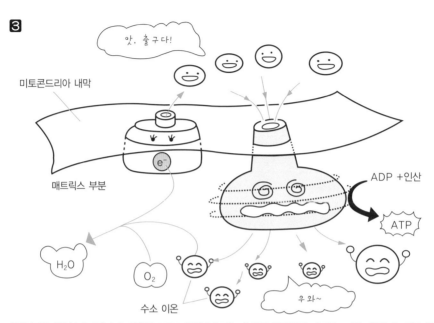

좁은 공간에서 부대끼던 수소 이온은 ATP 합성효소라는 출구를 발견하면 미토콘드리아 내부(매트릭스 부분)로 흘러들어 간다. 이때 ATP 합성효소는 물레방아처럼 회전하면서 ATP를 합성한다.

※ 맹독 성분으로 알려진 청산가리(시안화칼륨)는 전자전달계의 최종 과정에서, 산소와 전자와 수소 이온이 결합할 때 작용하는 '시토크롬산화효소(cytochrome oxidase)'의 활동을 방해한다.

● 전자전달계 정리도

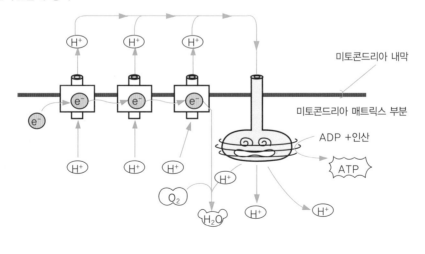

●● 분자 회전에서 탄생하는 생명 활동

1997년 일본의 한 과학자는 ATP 합성효소가 회전함으로써 ATP가 만들어진다는 사실을 직접 관찰한 바 있다. 이는 분자의 물리적인 운동과 화학적인 효소 활성과의 관계를 직접 알리는 흥미진진한 발견이었다.

그런데 막과 막 사이의 좁은 공간에서 부대끼던 수소 이온이 "앗, 출구다!"라고 외치며 탈출할 때 회전하는 물질은 미토콘드리아의 ATP 합성효소만이 아니다.

편모(鞭毛)라는 털을 가진 세균은 세포막 바깥쪽에도 막을 갖고 있어서 이중 막 구조를 형성한다. 그런데 이 편모에서도 분자 회전을 관찰할 수 있다. 즉 수소 이온을 이중 막 사이로 밀어 올려 좁은 공간에 모이게 한 뒤, 농도 차이에 따라 다시 세포 내부로 쑤욱 미끄러져 흐를 때 생기는 에너지로 편모를 회전시켜 결과적으로 편모 운동을 가능하게 한다. 그 회전 속도는 1초에 100회 이상이라고 한다.

인간이 생명 활동의 에너지원인 ATP를 만드는 일도, 세균이 헤엄치는 일도, 그 배후에는 분자 회전이 존재하는 것이다.

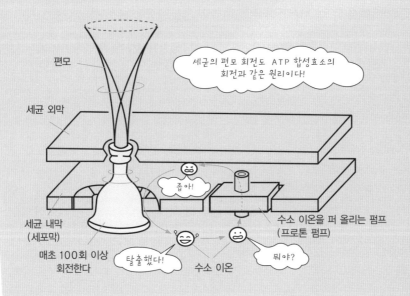

● ● 호흡의 분류

(1) 외호흡 : 외계의 산소 분자를 체내로 받아들이고, 체내에서 발생한 이산
화탄소 분자를 외계로 배출하는 과정.

(2) 세포호흡(내호흡) : 세포가 영양물질을 분해해서 에너지를 ATP 형태로
얻어 내는 과정. 호기호흡과 혐기호흡이 있다.

● ● 세포호흡(내호흡)의 과정

(1) 해당계   (2) 시트르산 회로   (3) 전자전달계

	해당계	시트르산 회로	전자전달계
장소	세포질 졸	미토콘드리아 내부 (매트릭스 부분)	미토콘드리아 내막
단백질	탈수소 효소 등	탈수소 효소, 탈탄소 효소 등	전자전달 단백질군, ATP 합성효소
화학반응식	$C_6H_{12}O_6 \rightarrow$ $2C_3H_4O_3 + 4H$	$2C_3H_4O_3 + 6H_2O \rightarrow$ $6CO_2 + 20H$	$24H + 6O_2 \rightarrow 12H_2O$
ATP의 생산량	2 ATP	2 ATP	34 ATP
산소 분자의 유무	필요 없다	직접 필요로 하지는 않지만, 산소가 없으면 전자전달계가 멈추기 때문에 시트르산 회로도 정지한다	필요하다

●● 반딧불이의 빛은 어디에서 왔을까?

곤충이 내뿜는 빛이 서양인들에게는 샛별처럼 보였을까?

반딧불이의 세포 내 발광물질은 'Lucifer(샛별)'에서 따온 '루시페린(luciferin)'이라고 한다. 이 발광물질은 생물 발광효소인 '루시페라아제(luciferase)'의 힘을 빌려 ATP를 ADP로 만들 때 방출되는 에너지를 빛으로 바꾼 것이다.

호흡 드라마에서 살펴본 것처럼 ATP는 영양물질을 분해하는 과정에서 만들어진다. 반딧불이는 깨끗한 강가에 사는 조개를 섭취해 영양물질을 얻는다. 조개는 강물 속 식물에서 영양물질을 취한다. 그리고 영양물질은 식물이 태양의 빛에너지를 이용해 이산화탄소와 물에서 만들어 낸 것이다. 즉 반딧불이의 빛은 태양광선이 돌고 돌아서 부활한 빛이라고 할 수 있다.

제5막

정보전달 이야기

지금까지 효소를 중심으로 세포 내 단백질들이 각자 맡은 역할에 충실하면서 아울러 서로 협력 관계나 상하 관계 등의 밀접한 관계를 맺으며 세포 안에서 바쁘게 움직이는 활약상을 살펴보았다.

제5막에서는 세포 밖으로 시야를 넓혀 보자. 인체는 세포가 빚어내는 국가이다. 이곳에서 전문 역할을 맡은 세포들은 서로 협력하거나 경쟁하거나 혹은 상하 관계를 맺으면서 역동적인 대하드라마를 연출한다.

세포와 세포는 정보전달물질이라는 분자를 매개로 마치 대화를 나누듯 소통하는데, 여기에서는 우선 세포와 세포가 어떤 분자를 이용해 어떤 정보를 교환하는지 알아보고, 이어서 정보전달물질을 받아들인 세포 안에서는 어떤 일이 일어나는지 자세히 들여다보자.

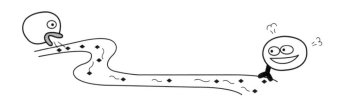

세포들의 정보 교환법

scene **5.1**

동물세포의 경우 세포끼리 서로 정보를 교환하는 방법에는 3가지가 있다.

즉 ① 정보전달물질과 그 수용체(정보를 받아들이는 전문 분자)를 매개로 하는 방법, ② 세포 표면의 분자끼리 서로 결합하는 방법, ③ 구멍을 매개로 하는 갭 결합 방법이다.

미니**세포**극장 ┇┇┇ **세포가 정보를 교환하는 3가지 방법**

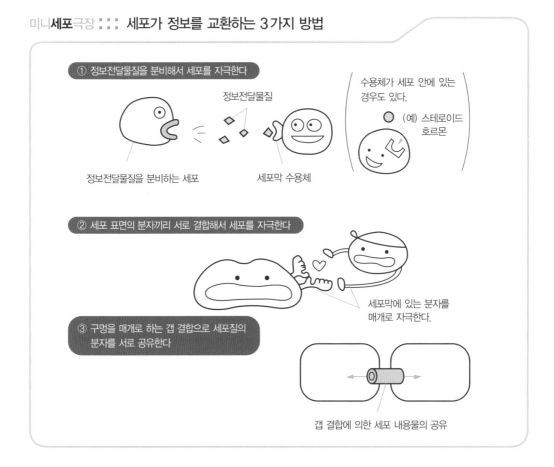

3가지 정보전달물질

5.2

scene

여기에서는 세포들의 정보 교환법 가운데 정보전달물질과 그 수용체를 매개로 하는 방법을 중심으로 살펴보고자 한다.

세포 수용체에 특이적으로 결합하는 정보전달물질을 꼽는다면 다음의 3가지를 들 수 있다.

● **호르몬**

내분비세포라고 하는 특정 세포를 통해 합성 · 분비된다. 호르몬은 혈류를 타고 온몸을 돌면서 해당 호르몬과 결합할 수 있는 수용체를 가진 특정 세포에 작용한다. 내분비세포가 모여서 생긴 장기를 내분비샘이라고 하는데, 뇌하수체, 갑상선, 부신, 난소 · 정소 등이 있다.

● **신경전달물질**

신경세포라는 특수한 세포가 방출하는 물질을 신경전달물질이라고 한다.

신경세포는 축색돌기를 뻗어서 자극하고자 하는 상대방의 세포에 접근한다. 축색 말단과 상대 세포 사이에는 시냅스(synapse)라는 아주 미세한 틈이 있는데, 이 시냅스 부위의 길이는 1mm의 1만분의 1이 채 되지 않는다(20~50㎚, 1㎚는 10^{-9}m).

인간의 축색은 초속 100m 속도로 전기 신호를 전달할 수 있다. 전기 신호가 축색 말단까지 도달하면, 축색 말단에서 신경전달물질이 방출되어서 시냅스를 매개로 상대방의 세포를 자극한다.

앞서 소개한 호르몬은 혈류를 타고 원거리의 특정 수용체를 가진 세포를 자극하기 때문에 호르몬이 분비되고 나서 수용체에 결합하는 데 몇 초 이상 걸린다. 반면에 신경전달물질은 시냅스라는 아주 좁은 공간에서 작용하기 때문에 분비되고 나서 수용체에 결합하기까지 1000분의 1초도 걸리지 않는다.

● **국소적 화학전달물질**

백혈구 세포가 방출하는 사이토카인(cytokine)이나 프로스타글란딘(prostaglandin) 등이 있다. 이들은 바로 분해되거나 세포 안으로 유입되기 때문에 보통 1mm 이내에 있는 세포에만 작용한다.

사이토카인과 프로스타글란딘은 제6막에서 자세히 알아보기로 하자.

세포극장 ::: 정보전달물질 3가지

호르몬

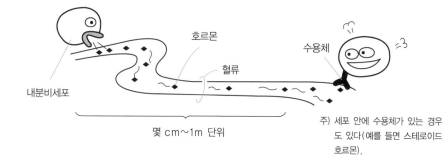

내분비세포

호르몬

혈류

수용체

몇 cm~1m 단위

주) 세포 안에 수용체가 있는 경우
도 있다(예를 들면 스테로이드
호르몬).

신경전달물질

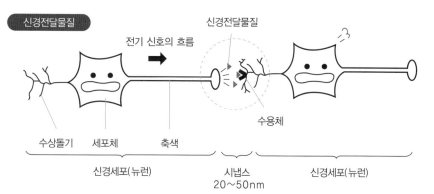

신경전달물질

전기 신호의 흐름

수용체

수상돌기   세포체   축색

신경세포(뉴런)

시냅스
20~50nm

신경세포(뉴런)

국소적 화학전달물질

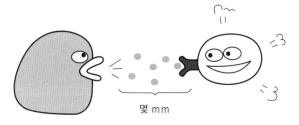

몇 mm

주) 리간드(ligand)는 어떤 단백질에 특이적으로 결합하는 분자를 지칭한다. 효소와 특이적으로 결합하는 기질도 리간드
이고, 또 수용체에 특이적으로 결합하는 호르몬이나 신경전달물질도 리간드이다.

세포는 텔레비전을 닮았다

scene **5.3**

    세포가 호르몬이나 사이토카인 등의 정보전달물질을 수용체 단백질을 통해 받아들이면 그 정보를 세포 안에서 처리해 최종적으로 어떤 반응을 나타낸다. 이는 마치 텔레비전이 안테나로 전파를 감지한 뒤 정보를 처리해서 음성이나 영상 등의 결과물을 보여 주듯이, 세포의 경우에도 수용체 단백질에서 받아들인 정보를 세포 내에서 처리해서 분열 혹은 분화, 수축, 또는 자살 등과 같은 형태로 그 정보에 반응을 하는 것이다.

    정보전달물질과 수용체 단백질 사이에는 열쇠와 열쇠 구멍의 관계, 즉 특이적 관계가 성립한다. 이는 제3막에서 공부한 효소와 기질의 관계와 동일하다. 예를 들면 인슐린이라는 호르몬과 결합하는 수용체는 다른 호르몬이나 사이토카인과

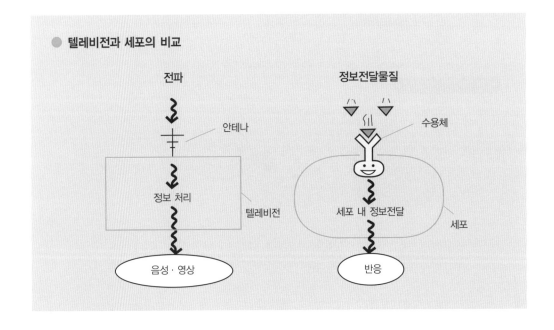

● **텔레비전과 세포의 비교**

결합하지 못한다.

　수용체 단백질이 정보전달물질을 받아들이면 입체적인 형태가 변하여 활성 상태가 되고 세포 안으로 정보를 전달한다. 이 과정을 '세포 내 정보전달'이라고 한다.

세포 내 정보전달 드라마

그렇다면 정보가 세포 안으로 전해지는 과정을 구체적으로 살펴보자.

우리가 정신적으로 흥분하면 교감신경 세포는 신경전달물질의 일종인 노르아드레날린을 방출한다. 노르아드레날린이 심장의 근육세포(심근세포라고 한다) 표면에 있는 수용체와 결합하면 수용체는 그 입체적인 형태를 바꾸어 활성 상태가 된다.

노르아드레날린과 결합해서 활성 상태가 된 수용체는 Gs 단백질 분자의 입체 모양을 바꾸어 활성화시킨다. 그러면 Gs 단백질은 아데닐산 사이클라제(adenylate cyclase)라는 단백질을 깨운다.

노르아드레날린의 수용체를 한 기업체의 '사장님'에 비유한다면, Gs 단백질은 '부장님' 단백질이고 아데닐산 사이클라제는 '과장님' 단백질이라고 할 수 있다. 사장이 부장에게 명령을 시달하고 그 명령을 부장이 과장에게 지시하듯이, 세포 안에서 정보를 전달하는 단백질들은 서로 상하 관계를 맺고 활동한다.

한편 활성 상태가 된 아데닐산 사이클라제는 사이클릭 AMP(cyclic AMP)라는 작은 분자를 많이 만들어 낸다. 사이클릭 AMP는 세포 내 정보 전파를 담당하고 다양한 단백질을 활성화하는 메신저이다. 이와 같은 연쇄반응의 결과 심근세포의 신축 속도가 빨라진다. 흥분하면 심장이 두근두근 뛰는 것은 바로 이 때문이다.

사이클릭 AMP와 같이 세포 안에서 다양한 단백질을 활성화하는 분자를 세컨드 메신저(second messenger, 제2차 전달자)라고 한다. 그렇다면 퍼스트 메신저(first messenger, 제1차 전달자)는 무엇일까?

바로 세포 외부에서 접근하는 신경전달물질이 퍼스트 메신저가 된다.

세포극장 ::: 세포 내 정보전달

1

노르아드레날린의 수용체   Gs 단백질   아데닐산 사이클라제   세포막

세포 외부에서 정보전달물질이 도착하지 않으면, 수용체 단백질과 세포 내 정보전달 단백질(여기에서는 Gs 단백질과 아데닐산 사이클라제)은 쿨쿨 자고 있다(불활성화 상태).

2

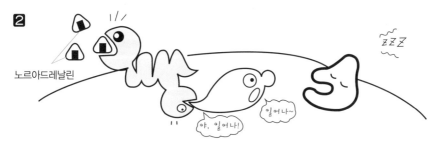

노르아드레날린

세포 외부에서 신경전달물질인 노르아드레날린이 도착하면, 노르아드레날린 수용체가 활성 상태가 되면서 Gs 단백질을 깨운다.

3

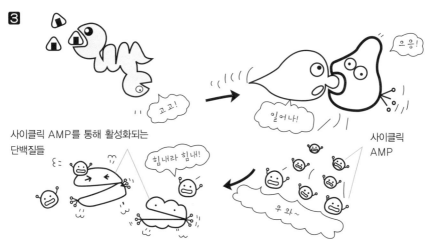

사이클릭 AMP를 통해 활성화되는 단백질들   사이클릭 AMP

활성 상태가 된 Gs 단백질은 아데닐산 사이클라제를 활성화하고, 아데닐산 사이클라제는 사이클릭 AMP를 많이 만들어 낸다. 사이클릭 AMP는 세포 안으로 퍼져서 여러 단백질을 깨운다.

세포 자살을 위한 정보전달

scene **5.5**

세포사 이야기

세포가 수용체 단백질을 통해 정보전달물질을 받아들이면 세포 내 정보전달 단백질군(群)이 활성화되면서 분열 혹은 분화, 수축, 자살 등의 반응을 보인다.

특히 세포가 정보전달물질의 정보에 반응함으로써 자살하는 현상은 인간이 생명 활동을 영위하는 데 아주 중요한 시스템이다.

예를 들어 다섯 손가락이 제대로 만들어지려면 우선 동그스름한 덩어리 속에 손가락뼈가 만들어지는데, 마지막에 손가락뼈 사이의 세포가 죽어야 다섯 손가락이 제 모습을 갖출 수 있다. 또 뇌가 만들어질 때도 처음에는 뇌세포가 과다하게 만들어진다. 넘쳐나는 뇌세포들은 삐죽삐죽 돌기를 뻗치면서 서로 연락을 취하려고 하는데, 이들 가운데 제대로 연락을 취하지 못하는 뇌세포는 자살하고 만다.

이처럼 산소 결핍이나 독소에 의한 세포사(네크로시스necrosis, 괴사)와 구별하

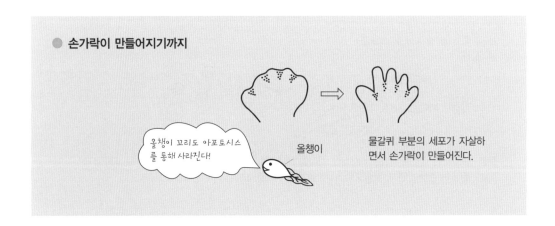

● **손가락이 만들어지기까지**

올챙이 꼬리도 아포토시스를 통해 사라진다!

올챙이

물갈퀴 부분의 세포가 자살하면서 손가락이 만들어진다.

여 세포 스스로 죽음을 택하는 세포 자살을 '아포토시스(apoptosis)'라고 한다.

이는 '죽음의 정보전달물질'[1]이 '죽음의 수용체'[2]와 결합해 세포 내 '죽음의 행동부대 단백질군'[3]을 활성화함으로써 연출되는 세포사로, '프로그램된 세포사(programmed cell death)'라고 한다.

삶이냐, 죽음이냐?

죽음의 정보전달물질이 죽음의 수용체와 결합해서 죽음의 프로그램을 발동한다는 사실은 1990년대에 밝혀진 세포사 이야기이다. 하지만 그 실체는 단순하지 않다.

죽음의 수용체가 죽음의 정보전달물질을 받았다고 해도, 같은 세포 표면에 있는 '삶의 수용체'가 '삶의 정보전달물질'을 받아들였다면 세포가 바로 죽음을 실행할 수는 없다. 세포는 여러 삶 정보전달물질과 여러 죽음 정보전달물질을 받아들이면서 삶이냐, 죽음이냐를 놓고 중대한 판단을 내려야 한다.

미니**세포**극장 ::: 세포는 텔레비전처럼 죽어 있는 기계가 아니다

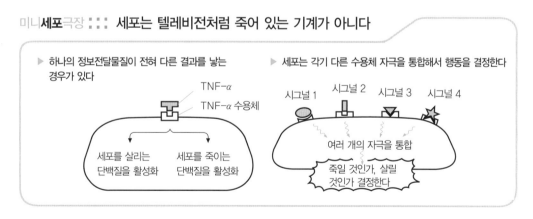

▶ 하나의 정보전달물질이 전혀 다른 결과를 낳는 경우가 있다

TNF-α
TNF-α 수용체

세포를 살리는 단백질을 활성화 ｜ 세포를 죽이는 단백질을 활성화

▶ 세포는 각기 다른 수용체 자극을 통합해서 행동을 결정한다

시그널 1　시그널 2　시그널 3　시그널 4

여러 개의 자극을 통합

죽일 것인가, 살릴 것인가 결정한다

[1] 파스 리간드, TNF-α(tumor necrosis factor−α, 종양괴사인자−α) 등등
[2] 파스와 TNF-α 수용체 등등
[3] 카스파아제(caspase) 등등

더욱이 예전에는 죽음의 수용체라고 믿었던 TNF-α 수용체 단백질은 죽음의 행동부대 단백질을 활성화할 뿐 아니라, 세포를 살리는 삶의 행동부대 단백질[4] 도 활성화할 수 있다.

TNF-α 수용체가 세포를 살릴 것이냐 죽일 것이냐를 최종적으로 결정하는 것은 세포 안에 있는 죽음의 행동부대 단백질과 삶의 행동부대 단백질의 양, 그리고 세포 외부에서 전해지는 죽음의 정보전달물질과 삶의 정보전달물질의 조합에 따라 변모한다. 이처럼 세포는 같은 수용체에서 전해지는 자극이라도 조건에 따라 다른 행동을 선택하는 것이다.

[4] NF-κB(nuclear factor κB) 등등

분자생물학
연구실

:: **수용체의 유형**

　세포 외부에서 전해지는 대부분의 정보전달물질은 세포막을 통과하지 않고 세포 표면에 있는 수용체와 결합함으로써 해당 세포를 자극한다. 정보전달물질과 결합하는 세포 표면의 수용체는 결합 이후의 행동 양식에 따라 크게 세 가지로 나눌 수 있다.

　첫 번째 유형은 G단백질을 '부하' 단백질로 거느리는 수용체(G단백질 연결형 수용체)이다. 이 유형의 수용체가 정보전달물질을 받아들이면 G단백질을 활성화해서 이후의 반응을 야기한다. G단백질에는 앞서 등장한 아데닐산 사이클라제를 활성화하는 Gs 단백질, 아데닐산 사이클라제를 불활성화하는 Gi 단백질, 그리고 포스포리파아제 C(phospholipase C) 효소를 활성화해서 이노시톨3인산과 디아실글리세롤(diacylglycerol)이라는 세컨드 메신저를 만드는 Gp 단백질이 있다.

　두 번째 유형은 세포막을 기준으로 안쪽 부분이 효소로 이루어진 수용체(효소 연결형 수용체)이다. 이 유형의 수용체가 정보전달물질을 받아들이면 효소 부분이 활성화해서 세포 안으로 정보가 전해진다.

　세 번째 유형은 이온을 통과시킬 수 있는 수용체(이온 채널 연결형 수용체)이다. 이는 '열려라 참깨' 하면 스르르 열리는 문처럼 특정 정보전달물질이 도착했을 때만 문을 열어서 이온을 통과시킨다.

　한편 대부분의 정보전달물질은 세포 표면에 있는 수용체와 결합하여 기능을 발휘하지만, 스테로이드 호르몬(steroid hormone)과 일산화질소(NO) 등 소형의 정보전달물질은 세포막을 통과해서 세포 내부의 수용체와 결합하여 기능을 발휘한다.

● **수용체의 분류**

   A. 세포 표면 수용체

      1. G단백질 연결형 수용체

      2. 효소 연결형 수용체

      3. 이온 채널 연결형 수용체

   B. 세포 내 수용체

     스테로이드 호르몬 수용체

● 세포 표면 수용체 3가지

1 G단백질 연결형 수용체

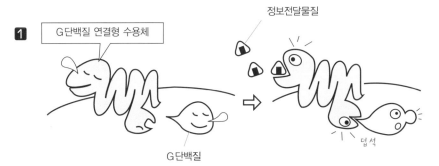

정보전달물질

G단백질

덥석

▶ G단백질 연결형 수용체는 세포막을 7회 관통한다. 세포 안에는 부하인 G단백질을 거느리고 있어
서 정보전달물질을 감지하면 G단백질을 깨운다.

2 효소 연결형 수용체

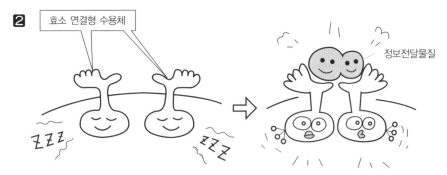

정보전달물질

▶ 효소 연결형 수용체는 세포 안에 효소로 활동하는 부위를 지니고 있다. 정보전달물질이 결합하면
효소 부분이 활성 상태가 된다.

3 이온 채널 연결형 수용체

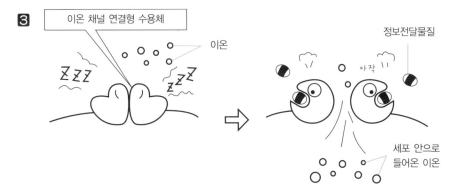

이온

정보전달물질

아작

세포 안으로
들어온 이온

▶ 이온 채널 연결형 수용체에 해당 정보전달물질이 도착하면 '열려라 참깨' 하면 스르르 열리는 문처
럼 문을 개방하고 이온을 세포 안으로 통과시킨다.

분자생물학
연구실

:: 세포와 세포 결합을 통한 정보전달

세포끼리 서로 정보를 교환하는 방법으로는 ① 정보전달물질과 그 수용체(정보를 받아들이는 전문 분자)를 매개로 하는 방법, ② 세포 표면의 분자끼리 서로 결합하는 방법, ③ 구멍을 매개로 하는 갭 결합 등 3가지가 있다고 했다. 제5막에서는 ①의 방법을 주로 설명했는데, ②의 방법도 생명 활동에서 중요한 위치를 차지한다.

예를 들면 백혈구의 일종인 매크로파지(macrophage)는 체외에서 침입한 미생물을 잡아먹는데, 미생물 조각을 클래스Ⅱ MHC 분자라는 단백질과 결합해서 세포 표면에 제시한다. 그러면 헬퍼T세포 표면에 있는 T세포 수용체가 미생물 조각과 결합한 클래스Ⅱ MHC 분자를 감지해 결합함으로써 본격적인 면역반응이 가동한다.

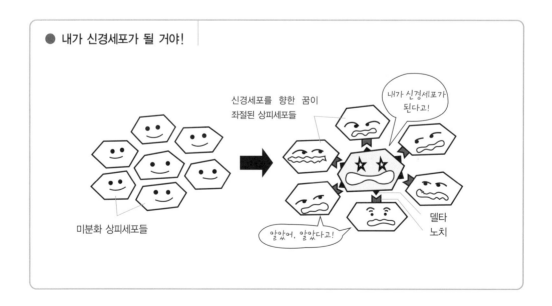

● 내가 신경세포가 될 거야!

한편 뇌조직의 발생 과정에서 아직 구체적인 형태가 갖추어지지 않은(미분화) 상피세포 가운데 한정된 세포만이 신경세포로 분화하는데, 신경세포로 선택받은 세포들은 주위의 다른 상피세포에게 '너희들은 신경세포가 되면 안 된다'는 정보를 보낸다. 즉 신경세포로 뽑힌 세포는 델타(delta)라는 단백질을 세포 표면에 제시한다. 그리고 주위의 미분화 상피세포는 노치(notch)라는 세포 표면에 존재하는 수용체 단백질을 이용해 델타와 결합하면 신경세포를 향한 꿈을 접고 상피세포로 성숙한다. 하지만 이와 같은 정보전달에 장애가 발생하면 신경세포가 과잉으로 발생하거나 엉뚱한 장소에 신경세포가 발생해 결국 발생 도중에 죽음의 길을 택하게 된다.

●● 정보전달물질의 이모저모

● 인간에게도 페로몬 수용체가 있다?

호르몬이 세포와 세포 사이에서 이루어지는 정보전달물질이라고 한다면 페로몬(pheromone)은 같은 부류의 동물끼리 교환하는 정보전달물질이다.

페로몬이라고 하면 대개 성(性)페로몬을 먼저 떠올리는데, 페르몬의 사전적 정의는 '동물의 체내에서 만들어져 공기 중 혹은 수중에 방출되는 분자로, 같은 종의 타 동물에게 작용해서 특정 행동이나 생리적 변화를 야기하는 분자'를 지칭한다.

예를 들면 누에나방(*Bombyx mori*)의 암컷이 '봄비콜(bombykol)'이라는 성페로몬을 체외로 방출하면 바람을 타고 온 페로몬을 감지한 수컷은 과격한 날갯짓을 하며 춤을 춘대(웨딩 댄스). 이런 댄스를 통해 수컷은 공중에 떠다니는 페로몬을 자기 주위로 강하게 끌어당기면서 발신원인 암컷을 찾아 나선다. 그리고 마침내 수컷과 암컷이 만나면 결혼이 성사되는 것이다.

그렇다면 인간에게도 페르몬 수용체가 있을까?

실제로 '페로몬 수용체가 인간의 코 세포에도 있지 않을까?'라는 논문이 발표되기도 했다(Ivan Rodriguez, Nature Genetics vol 26, pp18-19, 2000). 하지만 '어떻게 하면 대량의 페로몬을 방출할 수 있을까?'라는 수수께끼는 여전히 미궁 속에 있다.

● 장(腸)이 뇌에 행복감을 전달한다?

우리가 식사를 하면 장에서 소화를 돕는 쓸개즙이 분비된다. 이는 장의 기저과립세포가 음식물에 들어 있는 화학물질을 감지해서 콜레키스토키닌(cholecystokinin)이라는 호르몬을 혈액 속으로 방출하기 때문이다. 콜레키스토키닌은 쓸개즙을 모아 둔 주머니인 쓸개를 수축시켜 쓸개즙을 내보낸다. 더욱이 식후에 기저과립세포에서 방출되는 콜레키스토키닌의 농도가 높아지면 뇌에 작용해서 만족감과 행복감을 불러일으키고 아울러 졸음을 유발한다.

기저과립세포는 이를 발견한 학자의 뜻에 따라 '장 속의 맛세포'라는 별명을 갖게 되었는데, 이때 '맛'이란 달다, 짜다라는 미각이 아니라 '맛있는 음식을 먹었다. 아~, 행복해!'하는 감각을 의미한다고 한대(『腸は考える(장은 생각한다)』, 藤田恒夫, 岩波新書, 1991年).

하이라이트))))

● ● 세포와 세포는 정보전달물질과 그 수용체를 매개로, 세포표면의 단백질을 서로 결합시킴으로써, 혹은 갭결합(구멍)으로 세포질의 분자를 서로 결합시킴으로써 정보를 교환한다.

● ● 수용체에는 특이적으로 결합하는 시그널 분자(정보전달물질)가 있다. 정보전달물질은 분비되고 나서 수용체와 결합하는 거리와 시간에 따라 호르몬, 신경전달물질, 국소적 화학전달물질 등으로 구분된다.

● ● 수용체 단백질이 정보전달물질을 받아들이면 입체적인 형태가 바뀌면서 활성 상태가 되어 세포 안으로 정보를 전달한다.

● ● 세포 안으로 정보를 널리 전달하는 분자를 '세컨드 메신저'라고 한다.

● ● 세포사도 정보전달물질에 따라 조절된다.
 – '죽음의 정보전달물질'이 '죽음의 수용체'와 결합하면 세포 내 정보전달에 따라 '죽음의 행동부대 단백질군'이 활성 상태가 된다.
 – 정보전달에 따라 조절되는 세포 자살을 '아포토시스' 혹은 '프로그램된 세포사'라고 한다.

● ● 세포는 각기 다른 수용체에서 오는 자극을 통합해서 행동을 결정한다.

● ● 동일한 수용체에서 오는 자극이라도 세포 안팎의 상황이 다르면 다른 결과를 낳을 수 있다.

제6막

어긋난 정보전달이
초래하는 질병

제5막에서는 세포끼리 주고받는 정보 교환의 모습과 세포 안에서 이루어지는 정보전달 구조를 살펴보았다.

그런데 세포와 세포 혹은 분자와 분자 간의 정보전달 시스템이 제대로 작동하지 않아서 어떤 세포 혹은 분자만이 폭주할 때는 질병이 찾아온다. 여기에서는 당뇨병을 비롯한 생활습관병과 현대인의 생명을 위협하는 암과 같은 질병을 '정보전달 이상'의 관점에서 알아보고자 한다.

그리고 '정보전달 이상'의 발생 메커니즘에 대해서는 유전자와 생활습관 문제를 한데 묶어 제13막에서 구체적으로 이야기하기로 한다.

어긋난 정보전달과 비만증

scene / **6.1**

오늘날 남녀노소를 불문하고 고민하고 괴로워하는 비만증. 비만증의 확실한 원인은 아직 규명되지 않았지만 과식과 운동 부족이 만성적으로 지속되면 비만이 된다는 사실은 누구나 알고 있다.

음식물 섭취로 얻은 에너지가 운동으로 소비하는 에너지를 웃돌면 여분의 에너지는 중성지방으로 피부 아래 지방세포 속에 저장된다. 이것이 피하지방이다.

본래 중성지방을 충분히 저장한 지방세포는 '이제 음식을 먹지 않아도 된다' 는 정보전달물질을 뇌에 발신해서 식욕을 억제한다. 이런 정보전달물질 가운데 렙틴(leptin) 이라는 단백질 호르몬이 있다.

지방세포에서 방출된 렙틴은 혈류를 타고 뇌의 시상하부에 도착해서 렙틴 수용체와 결합한다. 그러면 시상하부의 신경세포는 식욕을 늘리는 신경전달물질(신경펩티드 Y) 의 분비를 억제하고 대신 식욕을 떨어뜨리는 신경전달물질(글루카곤 유사 펩티드 1) 을 방출한다. 즉 먹고 싶다는 생각이 없어진다.

또한 렙틴을 수용체에서 받아들인 시상하부의 신경세포는 교감신경을 자극해서 신경전달물질인 노르아드레날린을 방출시킨다. 노르아드레날린은 지방세포 표면에 있는 수용체(β_3형 수용체) 와 결합해서 지방세포에 저장된 중성지방을 분해, 중성지방에 저장된 에너지를 열로 발산하게끔 유도한다.

지금까지 소개한 정보전달의 경로는 비만 방지 경로 가운데 극히 일부에 불과하다. 실제로는 더 복잡하고 정교한 메커니즘이 작용하는데, 이들 정보전달 경로가 스트레스 등의 원인으로 제대로 작동하지 않으면 몸무게가 한없이 늘어난다.

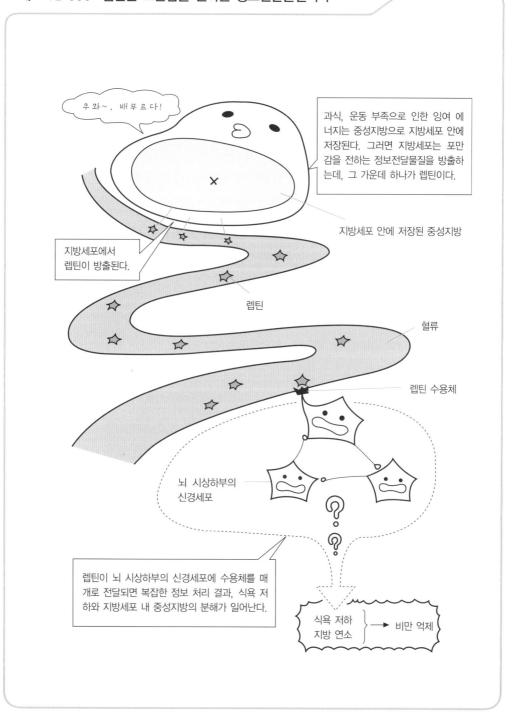

우와~, 배부르다!

과식, 운동 부족으로 인한 잉여 에너지는 중성지방으로 지방세포 안에 저장된다. 그러면 지방세포는 포만감을 전하는 정보전달물질을 방출하는데, 그 가운데 하나가 렙틴이다.

지방세포 안에 저장된 중성지방

지방세포에서 렙틴이 방출된다.

렙틴

혈류

렙틴 수용체

뇌 시상하부의 신경세포

렙틴이 뇌 시상하부의 신경세포에 수용체를 매개로 전달되면 복잡한 정보 처리 결과, 식욕 저하와 지방세포 내 중성지방의 분해가 일어난다.

식욕 저하
지방 연소 ⟶ 비만 억제

어긋난 정보전달과 당뇨병

scene / **6.2**

현대인의 대표적인 질환이라고 하면 단연 당뇨병을 들 수 있다. 당뇨병을 한마디로 설명하면 호르몬의 일종인 인슐린(insulin)의 작용 부족(인슐린 분비 결핍, 인슐린 저항성)으로 세포가 혈액 속의 포도당을 제대로 이용하지 못하는 질병이다.

인슐린 작용 부족의 결과, 혈중 포도당 농도(혈당치)가 지속적으로 높아지면 혈관에 손상이 가해져 신장과 신경 등의 여러 장기에 해를 초래한다. 인공 투석을 받는 환자들 가운데 약 30%는 당뇨병으로 인한 신장장애이다.

정상적인 경우라면 식사 후 포도당이 소장에서 체내로 흡수되면 췌장의 β세포가 혈당치 상승을 감지한 뒤 세포 안으로 정보를 전달하고, 최종적으로 인슐린을 혈액 속에 분비한다.

인슐린 수용체를 가진 체내 세포들은 혈액을 타고 흘러온 인슐린을 받아들이면, 세포 안에 정보를 전달해서 최종적으로 세포 안으로 포도당을 불러들여서 에너지원으로 이용한다.

당뇨병은 이런 세포 내 정보전달의 이상에 따라 혈당치가 상승함에도 불구하고 췌장β세포가 인슐린을 바로 분비하지 못하거나, 인슐린을 감지했는데도 불구하고 세포가 바로 포도당을 불러들이지 못하는 질병이다. 췌장β세포 안에서 인슐린 합성에 이상이 생긴 경우나 β세포가 파괴되어 인슐린의 양 자체가 부족한 경우도 있다.

당뇨병의 치료는 식사 제한으로 소장에서 포도당을 흡수하는 것을 제한하거나, 운동을 통해 근육에서 포도당을 이용하게 하는 것이 기본이다. 당뇨병 치료제로는 포도당의 흡수를 억제하는 약(α-글리코시다아제 억제제)과 췌장에서 인슐린 분비를 자극하는 약(설포닐우레아제), 인슐린 주사제제, 혹은 인슐린을 받아들인 세포가 포도당을 제대로 이용할 수 있게 촉진하는 약제(인슐린 저항성 개선제) 등이 있다.

【 소장에서 흡수된 포도당이 세포 안으로 들어가기까지 】

식후에 포도당이 소장에서 체내로 흡수된 지점

소장

포도당

혈중 포도당 농도(혈당치)가 상승하면 췌장 β 세포의 포도당 센서가 이를 감지해서 세포 안으로 정보가 전해지고 인슐린이 방출된다.

포도당의 농도 센서

췌장 β 세포의 세포 내 정보전달

후우~

인슐린 방출

인슐린

인슐린 수용체로 인슐린을 받아들인 세포는 세포 내 정보전달에 따라 포도당 운반체를 활성화해서 세포 안으로 포도당을 불러들인다.

인슐린 수용체

세포 내 정보전달

혈류

포도당 유입

포도당 운반체

● 정보전달 이상이 초래하는 당뇨병

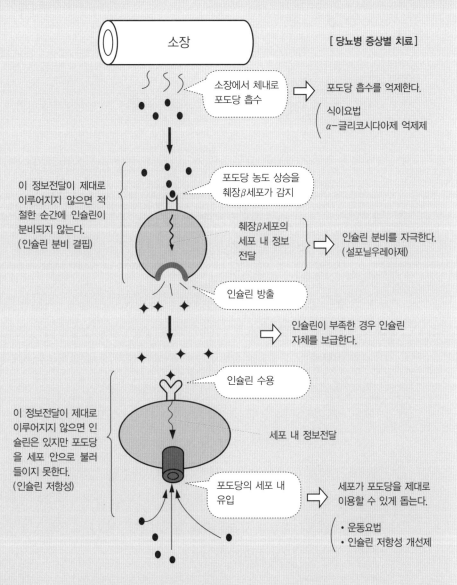

소장

[당뇨병 증상별 치료]

소장에서 체내로
포도당 흡수

포도당 흡수를 억제한다.

식이요법
α-글리코시다아제 억제제

이 정보전달이 제대로
이루어지지 않으면 적
절한 순간에 인슐린이
분비되지 않는다.
(인슐린 분비 결핍)

포도당 농도 상승을
췌장β세포가 감지

췌장β세포의
세포 내 정보
전달

인슐린 분비를 자극한다.
(설포닐우레아제)

인슐린 방출

인슐린이 부족한 경우 인슐린
자체를 보급한다.

인슐린 수용

이 정보전달이 제대로
이루어지지 않으면 인
슐린은 있지만 포도당
을 세포 안으로 불러
들이지 못한다.
(인슐린 저항성)

세포 내 정보전달

포도당의 세포 내
유입

세포가 포도당을 제대로
이용할 수 있게 돕는다.

• 운동요법
• 인슐린 저항성 개선제

【 당뇨병 】
• 인슐린의 작용 부족(인슐린 분비 결핍, 인슐린 저항성)으로 만성적으로 혈당치가 높아지는 질병.
• 혈당치가 180mg/dl를 초과하면 소변에서 당이 배출된다.
• 만성적으로 혈당치가 높아지면 동맥이 손상되고 신장장애나 신경장애를 초래한다.

어긋난 정보전달과 암

scene / **6.3**

　암은 세포가 제멋대로(자율적으로) 분열 증식해서 주변의 장기를 파괴하는 질병이다.

　인간의 세포는 증식인자(growth factor)라는 정보전달물질이 수용체를 자극했을 경우에만 분열 증식한다. 증식인자가 없을 때는 Rb 단백질을 비롯한 세포분열 억제 단백질이 세포분열에 브레이크를 건다. 증식인자가 수용체와 결합하면 특정 세포의 정보전달 단백질군(群)이 깨어나서 세포분열 억제 단백질의 브레이크를 해제, 세포분열을 촉진한다.

　이와 같은 경로 가운데 어딘가에서 비정상적으로 폭주하기 시작하면 세포는 암으로 발전한다. 예를 들면 증식인자가 오지 않았는데도 수용체 혹은 세포 증식의 정보를 전달하는 정보전달 단백질군이 활성 상태가 되면 암화(癌化)에 빠질 수 있다.

　혹은 세포분열 억제 단백질의 활성이 떨어진 경우에도 암으로 발전할 수 있다.

　제2부에서 이야기하겠지만 단백질의 설계 정보를 담당하는 분자를 유전자라고 하는데, 세포분열 촉진 단백질 유전자(원原암 유전자)가 변화해서 비정상적으로 활성이 높은 세포분열 촉진 단백질을 만들거나, 혹은 반대로 세포분열 억제 단백질 유전자(암 억제 유전자)가 변화해서 활성이 낮은 세포분열 억제 단백질을 만들어 내면 세포는 암으로 치닫는다(248쪽 참조).

세포극장 ::: 세포분열과 정보전달

증식인자가 없을 때는 증식인자 수용체와 수용체를 매개로 한 세포 내 정보전달 단백질군이 불활성 상태에 있다. 이때 세포분열을 억제하는 Rb 단백질은 활성 상태에 있다. Rb 단백질은 세포분열을 개시하는 E2F 단백질을 꽉 붙잡고 있기 때문에 E2F 단백질은 활동할 수 없다.

증식인자가 수용체를 활성화하면 세포 내 정보가 전달되어 Rb 단백질이 불활성화 상태가 된다. 그러면 Rb 단백질은 꽉 붙잡고 있던 E2F 단백질을 풀어 주므로 세포분열이 개시된다.

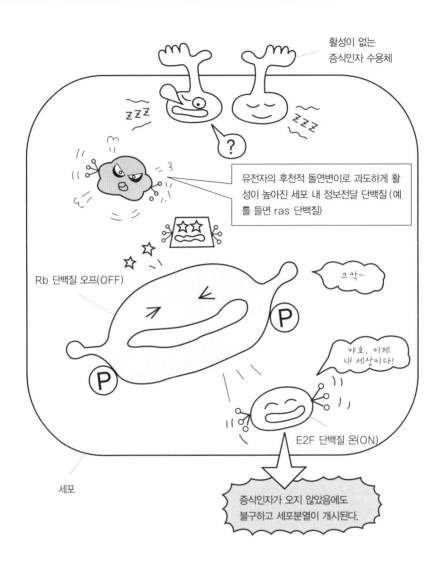

활성이 없는
증식인자 수용체

유전자의 후천적 돌연변이로 과도하게 활성이 높아진 세포 내 정보전달 단백질(예를 들면 ras 단백질)

Rb 단백질 오프(OFF)

으악~

야호, 이제
내 세상이다!

E2F 단백질 온(ON)

세포

증식인자가 오지 않았음에도
불구하고 세포분열이 개시된다.

단백질의 설계도인 유전자에 상처가 생겨, 과도하게 활성이 높아진 세포분열 촉진 단백질이나 활성이 낮아진 세포분열 억제 단백질이 만들어지면 암세포가 발생한다.

위의 사례는 유전자에 상처가 생겨(후천적 돌연변이), 과도하게 활성이 높은 세포 증식 정보를 전달하는 단백질이 발생한 경우이다. 이와 같은 이상 단백질 때문에 증식인자가 오지 않았음에도 불구하고 세포분열이 개시된다.

정보전달을 바로잡는 약

6.4

scene

세포는 수용체로 정보전달물질을 받아들여서 세포 안으로 정보를 전달하고 반응한다. 이와 같은 경로 가운데 어딘가 부족한 곳이 있으면 보충하고, 반대로 넘치면 억제하는 것이 약물 치료의 기본 원리이다.

1. 부족한 정보전달물질을 보충한다

- 당뇨병에서 인슐린이 부족한 경우 인슐린을 보급한다.
- 스테로이드 호르몬이 부족한 '부신기능부전'의 경우 스테로이드 호르몬을

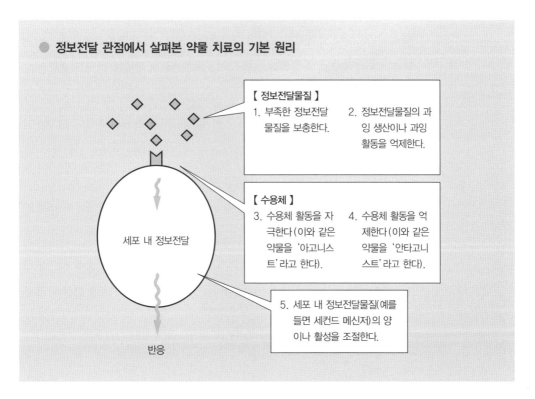

● **정보전달 관점에서 살펴본 약물 치료의 기본 원리**

【 정보전달물질 】

1. 부족한 정보전달 물질을 보충한다.

2. 정보전달물질의 과잉 생산이나 과잉 활동을 억제한다.

【 수용체 】

3. 수용체 활동을 자극한다(이와 같은 약물을 '아고니스트'라고 한다).

4. 수용체 활동을 억제한다(이와 같은 약물을 '안타고니스트'라고 한다).

세포 내 정보전달

5. 세포 내 정보전달물질(예를 들면 세컨드 메신저)의 양이나 활성을 조절한다.

반응

보급한다.

2. 정보전달물질의 과잉 생산이나 과잉 활동을 억제한다

- 벌겋게 붓고 열이 나며 통증을 유발하는 염증에는 '염증성 사이토카인(pro-inflammatory cytokine)'과 '프로스타글란딘(prostaglandin)'이라는 정보 전달물질의 과잉 생산과 밀접한 관련이 있다.

  사이토카인 : 사이토카인이란 세포(cyto)가 다른 세포에게 작용하는(kineto) 물질이라는 뜻이다. 염증성 사이토카인 중에서도 특히 TNF-α라는 사이토카 인은 모세혈관을 확장시키고 혈관에서 체액이나 세포가 스며 나오기 쉽게 한다 (침출). 염증이 생겼을 때 빨갛게 붓는 것은 바로 이 때문이다. 또한 '인터루킨 8'이라는 사이토카인은 백혈구를 염증 장소로 불러 모으는 물질이다.

  프로스타글란딘 : 프로스타글란딘은 전립선(prostate gland)에서 분비되는 물 질에서 발견되었기 때문에 붙여진 이름이다. 프로스타글란딘은 아라키돈산이 라는 지방산에서 만들어진 지질성 정보전달물질로, 특히 프로스타글란딘 E2는 혈관 세포에 작용해서 혈관을 확장하거나 신경세포에 영향을 미쳐서 통증을 느 끼게 한다.

- 대부분의 진통제(비非스테로이드성 소염진통제)는 아라키돈산에서 프로스타 글란딘을 만들 때, 초기 반응을 담당하는 효소(사이클로옥시게나제) 활동을 억제함으로써 프로스타글란딘의 과잉 생산을 억제한다.

- 스테로이드제를 항(抗) 염증 목적으로 이용할 때는 염증성 사이토카인의 과 잉 생산을 억제하기 위해 사용한다. 과잉 생산된 염증성 사이토카인이 수용 체와 결합하지 못하게 하는 약제 개발도 추진되고 있다. 즉 염증성 사이토카 인과 결합하는 수용체를 외부에서 '미끼'로 주입함으로써 본래 결합해야 할 수용체와 결합하지 못하게 한다(가용성 수용체). 혹은 염증성 사이토카인과 결합해서 기능을 발휘하지 못하게 하는 단백질도 약물로 개발되고 있다(항

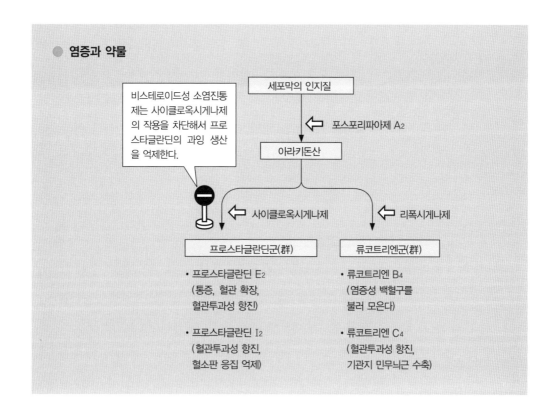

● 염증과 약물

세포막의 인지질

포스포리파아제 A₂

아라키돈산

비스테로이드성 소염진통제는 사이클로옥시게나제의 작용을 차단해서 프로스타글란딘의 과잉 생산을 억제한다.

사이클로옥시게나제

리폭시게나제

프로스타글란딘군(群)

• 프로스타글란딘 E₂
  (통증, 혈관 확장,
  혈관투과성 항진)

• 프로스타글란딘 I₂
  (혈관투과성 항진,
  혈소판 응집 억제)

류코트리엔군(群)

• 류코트리엔 B₄
  (염증성 백혈구를
  불러 모은다)

• 류코트리엔 C₄
  (혈관투과성 항진,
  기관지 민무늬근 수축)

사이토카인 항체).

3. 수용체 활동을 자극한다(아고니스트)

• 기관지 천식 발작이 일어날 때는 기관지 주위를 링 모양으로 에워싸는 민무늬근이 수축한다. 아드레날린 호르몬의 수용체(β_2형)를 자극하는 약제는 이 민무늬근을 이완시켜서 기관을 확장하기 때문에 천식 발작 시에 돈복(약을 나누지 않고 한꺼번에 복용)한다.

4. 수용체 활동을 억제한다(안타고니스트)

• 꽃가루 알레르기는 비만세포에서 방출된 히스타민 등의 국소적 화학전달물질과 밀접한 관련이 있다. 수용체에서 히스타민을 받아들인 코 점막 세포의

반응에 따라 '콧물, 재채기, 코 막힘' 등의 증상이 나타나는데, 항히스타민제는 히스타민 수용체보다 먼저 결합해서 히스타민이 수용체와 결합하는 것을 사전에 차단한다.

- 히스타민 수용체를 차단하는 방법만 가지고는 증상이 호전되기 어려운데, 이는 꽃가루 알레르기에 관여하는 국소적 화학전달물질이 히스타민 말고도 여러 개가 있기 때문이다.

5. 세포 내 정보전달을 조절한다

- 협심증 발작은 심장에 산소가 부족하다는 위험 신호를 흉통을 통해 알리는 상태이다. 협심증 발작을 완화하는 니트로글리세린은 체내에서 일산화질소로 변신, 심장에 산소를 보내는 동맥 주위를 둘러싼 민무늬근 세포 안으로 들어간다. 세포 안으로 들어온 일산화질소는 구아닐산 사이클라제라는 단백질을 활성화해서 사이클릭 GMP를 만들어 낸다. 사이클릭 GMP는 세컨드 메신저로 활동하여 민무늬근을 이완시키고 동맥을 넓혀서 산소 공급량을 늘린다.

유전자와
분자생물학

제1부에서는 호흡을 비롯한 세포 내 화학반응과 세포의 정보전달 등 대부분의 생명 활동이 단백질을 통해 이루어지고 있다는 사실을 살펴보았다. 이들 생명 활동을 지탱하는 단백질의 설계 정보는 '유전자'라는 분자가 담당한다. 유전자 조작, 유전자 진단, 유전자 치료 등 최근 매스컴을 뜨겁게 달구고 있는 이슈, 유전자! 그런데 유전자와 DNA, 게놈은 어떻게 다를까? '인간 게놈 프로젝트'가 화제가 된 이유는 무엇일까?

제2부에서는 유전자의 기초부터 응용까지 유전자가 출연하는 드라마에 푹 빠져보자.

제7막
DNA의 얼굴))))

생명 활동은 대개 단백질을 통해 이루어지는데, 단백질의 종류는 이루 헤아릴 수 없을 만큼 많다. 이렇게 다양한 단백질의 설계 정보를 담당하는 분자가 바로 DNA이다.

우리가 흔히 얘기하는 DNA란 '디옥시리보핵산(deoxyribonucleic acid)'을 줄인 말이다.

DNA가 어떻게 단백질의 설계 정보를 담당하는지는 제9막에서 자세히 살펴보기로 하고, 여기서는 먼저 DNA의 기본 구조부터 알아보자.

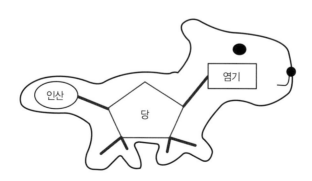

핵 속에는 무엇이 있을까?

scene **7.1**

세포를 현미경으로 관찰하면 주머니처럼 생긴 핵(nucleus)이 시선을 사로잡는다.[1,2]

이 핵 안에는 핵산 분자가 가득 들어 있는데, 핵산은 크게 디옥시리보핵산(deoxyribonucleic acid, DNA)과 리보핵산(ribonucleic acid, RNA)으로 나눌 수 있다.

DNA와 RNA의 활동과 기능은 제9막에서 상세히 알아보기로 하고, 여기에서는 핵산의 기본 구조를 살펴보자.

핵산은 뉴클레오티드를 연결한 목걸이

핵산은 뉴클레오티드(nucleotide)라는 분자를 연결한 끈 모양의 분자이다. 뉴클레오티드를 구슬이라고 한다면 핵산은 구슬을 꿰어 만든 목걸이에 비유할 수 있다.

뉴클레오티드는 인산, 당, 염기가 결합한 분자로, 그 모양을 강아지에 비유하면 인산은 꼬리, 당은 몸통, 그리고 염기는 얼굴에 해당한다. 뉴클레오티드의 몸통에 해당하는 당에는 리보오스(ribose)와 디옥시리보오스(deoxyribose)의 2종류가 있으며, 그 차이에 따라 RNA와 DNA로 나누어진다.

● 핵산은 뉴클레오티드의 몸통에 해당하는 당(糖)의 종류에 따라 2가지로 나누어진다

핵산	디옥시리보핵산(DNA)	리보핵산(RNA)
뉴클레오티드의 당	디옥시리보오스	리보오스
뉴클레오티드의 명칭	디옥시리보뉴클레오티드	리보뉴클레오티드

■ 1 **진핵생물과 원핵생물** : 핵이 없는 세포 안에도 핵산은 존재한다. 핵을 가진 세포를 진핵세포라 하고 핵이 없는 세포를 원핵세포라고 한다. 진핵세포로 이루어진 생물을 진핵생물, 원핵세포로 이루어진 생물을 원핵생물이라고 한다. 원핵생물에서 진핵생물에 이르기까지 모든 생물은 DNA를 통해 유전 정보를 자손에게 물려준다.

■ 2 제1장에서 소개한 세포소기관인 미토콘드리아와 식물 세포의 세포소기관인 엽록체 안에도 DNA가 있는데, 이를 '핵외(核外) DNA'라고 한다.

【 뉴클레오티드의 형태 】

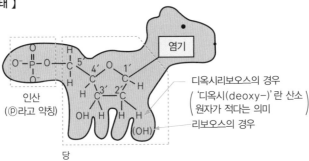

인산
(ⓟ라고 약칭)

염기

디옥시리보오스의 경우
('디옥시(deoxy-)'란 산소)
원자가 적다는 의미

리보오스의 경우

당

【 뉴클레오티드와 뉴클레오티드의 결합 】

▶ 강아지 꼬리에 해당하는 부분은 인산, 몸통은 당, 그리고 얼굴에 해당하는 부분은 염기이다.

▶ 몸통에 해당하는 당은 탄소 원자 5개로 이루어져 있으며, 위의 그림과 같이 1′에서 5′까지 번호가 매겨져 있다.

▶ 뉴클레오티드끼리 연결해서 하나의 사슬이 될 때는 뒷다리에 해당하는 부분이 꼬리(인산)를 붙잡듯이 결합한다.

뉴클레오티드의 4가지 '얼굴'

7.2

scene

핵산은 뉴클레오티드를 연결한 목걸이와 같은 분자로, 뉴클레오티드의 몸통에 해당하는 당의 종류에 따라 DNA와 RNA로 나눌 수 있다는 이야기를 했다.

그럼 이번에는 뉴클레오티드의 얼굴에 해당하는 염기를 알아보자.

DNA를 만드는 뉴클레오티드(디옥시리보뉴클레오티드)의 얼굴(염기)에는 아데닌(adenine) · 구아닌(guanine) · 시토신(cytosine) · 티민(thymine)의 4종류가 있는데, 각각 A · G · C · T라고 생략해서 부른다.

또 아데닌을 얼굴(염기)로 가진 뉴클레오티드를 아데닐산, 구아닌을 염기로 가진 뉴클레오티드를 구아닐산, 시토신을 염기로 가진 뉴클레오티드를 시티딜산, 티민을 염기로 가진 뉴클레오티드를 티미딜산이라고 하는데, 이 역시 간략하게 줄여서 A · G · C · T라고 한다.

한편 RNA를 만드는 뉴클레오티드(리보뉴클레오티드)의 얼굴(염기)에는 아데

● 염기와 뉴클레오티드의 약칭

염기	염기+ 당+ 인산(뉴클레오티드)	약칭
아데닌	아데닐산	A
구아닌	구아닐산	G
시토신	시티딜산	C
티민	티미딜산	T
우라실	우리딜산	U

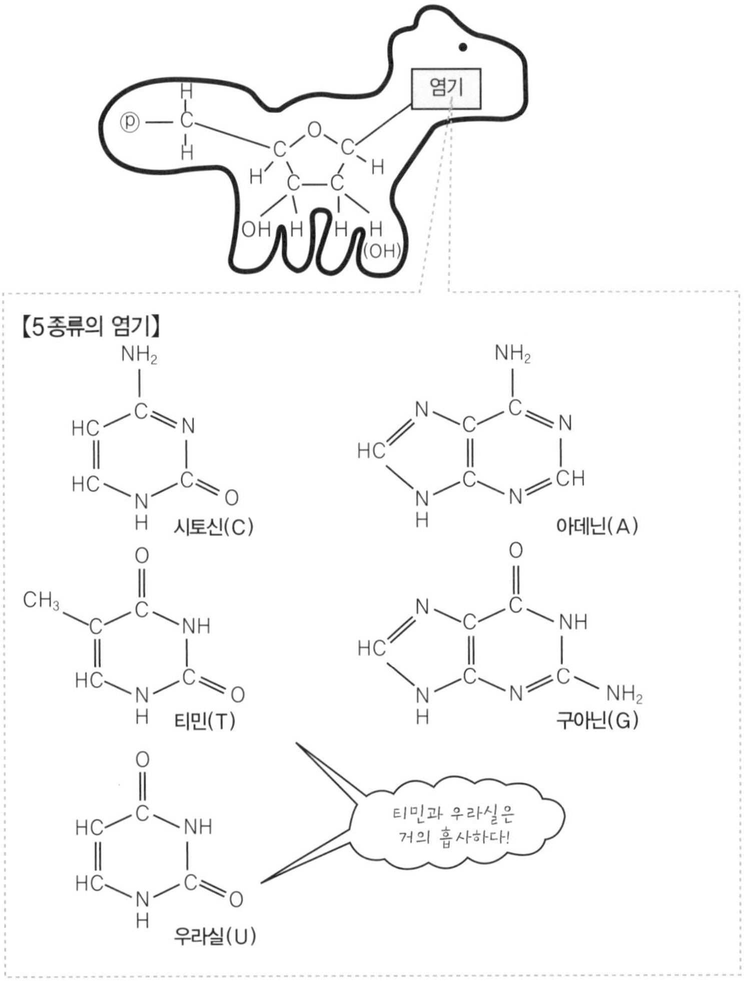

【5종류의 염기】

시토신(C)

아데닌(A)

티민(T)

구아닌(G)

우라실(U)

티민과 우라실은 거의 흡사하다!

▶ 뉴클레오티드의 얼굴에 해당하는 염기에는 아데닌·구아닌·시토신·티민·우라실 등 5종류가 있으며 이를 각각 A·G·C·T·U라고 약칭해서 부른다.

▶ DNA의 뉴클레오티드(디옥시리보뉴클레오티드)는 A·G·C·T를 염기로 이용한다. 한편 RNA의 뉴클레오티드(리보뉴클레오티드)는 A·G·C·U를 염기로 사용한다.

닌·구아닌·시토신·우라실(uracil, U로 약칭)의 4종류가 있는데, DNA에서 쓰이는 티민 대신 우라실이 사용된다. 우라실과 티민은 매우 유사한 분자이다. 즉 DNA와 RNA는 거의 공통 염기를 사용한다고 할 수 있다.

찰싹 붙어 있는 DNA 사슬

scene / **7.3**

DNA란 4가지의 디옥시리보뉴클레오티드가 다양한 순서로 연결된 분자라고 했다. 예를 들면,

-C-A-T-C-A-T-G-A-T-G-A-T-A-A-A-T-T-T-

식으로 DNA는 4가지의 구슬 분자를 꿴 목걸이 분자이다.

DNA가 하나의 사슬로 존재하면 뒤죽박죽 불안정하지만, 2개의 사슬이 찰떡궁합처럼 서로 끌어당김으로써 안정된 형태를 취하고 있다.

즉 한쪽의 사슬 A와 또 한쪽의 사슬 T가 올록볼록 서로 결합하고, 한쪽의 사슬 C와 또 한쪽의 사슬 G가 올록볼록 서로 결합한다(수소 결합).

A와 T 혹은 C와 G와 같은 관계를 '상보적(相補的) 관계' 라고 한다. 이와 같은 분자와 분자의 관계를 통해 DNA는 찰싹 붙은 2개의 사슬이 된다.

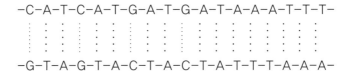

두 가닥의 사슬 분자가 나선 모양으로 서로 얽히고설켜 DNA는 안정된 구조를 이룬다. 이것이 1950년대에 밝혀진 'DNA의 이중 나선 구조' 이다.

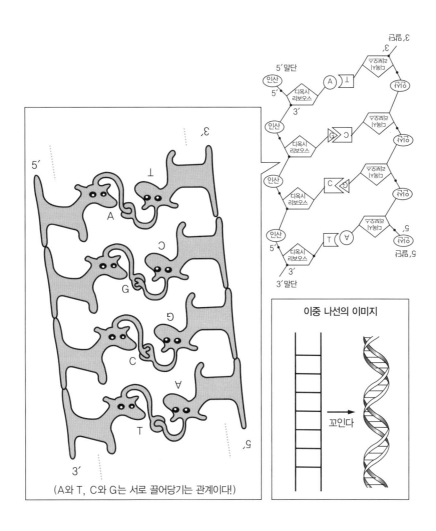

(A와 T, C와 G는 서로 끌어당기는 관계이다!)

이중 나선의 이미지

꼬인다

▶ DNA는 A · G · C · T라는 4가지의 작은 분자(디옥시리보뉴클레오티드)가 다양한 순서로 연결된 끈 모양의 분자이다. DNA 사슬은 한쪽 사슬과 또 한쪽의 사슬 사이에서 A와 T, C와 G가 올록볼록하게 서로 결합해서 수소 결합을 형성하며 이중 나선을 만든다.

▶ 뉴클레오티드를 구성하는 당의 탄소 원자에는 1′에서 5′까지 번호가 매겨져 있는데, 그 번호를 바탕으로 핵산 말단을 5′ 말단과 3′ 말단이라고 한다.

DNA 길이는?

scene 7.4

놀라운 DNA의 길이

지금까지 DNA의 기본 구조를 살펴보았다.

핵을 가진 세포(진핵세포)는 DNA가 핵 안에 들어 있는데, 그렇다면 그 길이
는 어느 정도일까? 인간의 세포핵은 지름이 약 200분의 1㎜ 정도인데, 그 안에
들어 있는 DNA 두 가닥의 길이는 3m[**]에 달한다.

어떻게 육안으로는 식별하기 어려운 아주 작은 핵 속에 3m나 되는 분자가 들
어가 있을 수 있을까?

DNA는 실패처럼 생긴 단백질에 감겨 있다

**
DNA와 히스톤을 주성분
으로 하는 복합체를 염색
질(chromatin)이라고 한
다. 염색질은 세포분열 시
기에 응축도를 높여서 막
대 모양의 염색체가 된다
(분열기 염색체). 세포분
열기가 아닐 때는 염색질
의 응축도가 높지 않은, 가
느다란 실 모양의 염색체
로 존재한다.

DNA의 이중 사슬(이중 나선)은 끊임없이 이어진 하나의 끈으로 존재하는 것
이 아니다. 예를 들면 인간의 세포핵에서는 46개, 침팬지의 세포핵에서는 48
개로 절단되어 있다. 이렇게 절단된 DNA는 히스톤(histone)이라는 실패처럼
생긴 단백질에 휘감겨서 응축되어 있다.

이때 응축된 DNA의 경우, 염기성 색소에 쉽게 염색되어 현미경으로 관찰이
용이하기 때문에 '염색체(chromosome)'라고 부른다.[**]

두 가닥의 DNA를 테이프에 비유하면 테이프를 단단하게 감아서 보호한 것,
즉 카세트테이프에 해당하는 것이 바로 염색체이다.

세포극장 ::: DNA를 촘촘하게 포개면 염색체가 생긴다!

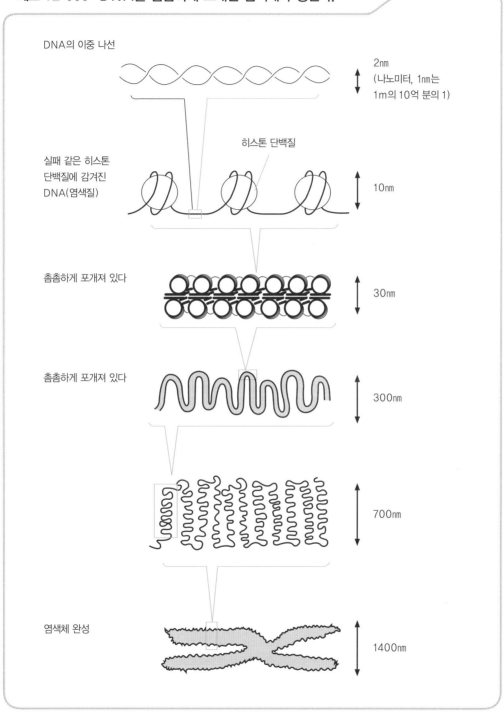

DNA의 이중 나선

2nm
(나노미터, 1nm는
1m의 10억 분의 1)

히스톤 단백질

실패 같은 히스톤
단백질에 감겨진
DNA(염색질)

10nm

촘촘하게 포개져 있다

30nm

촘촘하게 포개져 있다

300nm

700nm

염색체 완성

1400nm

DNA, 유전자, 게놈은 어떻게 다를까?

DNA는 모든 유전정보를 포함하는 분자인데, 생명체는 생식세포인 정자(식물의 경우 화분)와 난자에 DNA를 담아서 단백질의 설계 정보를 자손에게 물려준다. 따라서 DNA를 종종 '유전자(gene)'라고 부를 때도 있다. 하지만 보다 정확하게 표현하면 기다란 DNA 분자 가운데 단백질의 설계 정보를 담당하는 부분을 유전자라고 한다. DNA를 테이프에 비유하면 정보를 담고 있는 부분, 즉 녹음된 부분에 해당하는 것이 유전자이다.

한편 정자와 난자가 만나서 수정란이 되면 새로운 생명체가 탄생하는데, 생식세포인 정자와 난자가 각자 가져오는 DNA 전체를 '게놈(genome, 유전체)'이라고 한다. 인간의 경우 정자와 난자 안에 23개의 염색체로 존재하는 DNA 전체가 '인간 게놈'이다.

왜 인간 게놈이 화제인가?

인간 게놈은 약 30억 개의 뉴클레오티드가 서로 쌍으로 이루어져 있다. 그 염기서열이 2003년 4월에 밝혀졌는데, 동시에 약 1000개의 뉴클레오티드에 1개라는 높은 비율로 개인차가 있다는 사실도 알려졌다. 30억을 1000으로 나누면 300만, 즉 약 300만 개의 뉴클레오티드가 사람마다 다르다는 계산이 나온다.

이 차이에 주목해서 인간 게놈의 뉴클레오티드 배열에는 어떤 개인차가 있으며, 어떤 생물학적 다양성과 연결되는가를 연구하는 것이 현재의 과제이다.

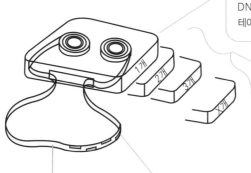

염색체 → 카세트테이프

DNA를 압축 보관한 것.
DNA가 테이프라면 염색체는 카세트
테이프이다.

게놈 → 카세트테이프의 집합

염색체 1번, 염색체 2번, ……,
그 전체가 게놈.
즉 카세트테이프 1개, 카세트테
이프 2개……를 몽땅 모은 전체
를 말한다.

유전자 → 녹음된 부분

A-T-A-T-A-T-G-C-C-C-G-A-A-T-G-A-A-T-A-T

T-A-T-A-T-A-C-G-G-G-C-T-T-A-C-T-T-A-T-A

DNA 가운데 단백질의 설계 정보가 새겨진 부분.
테이프에 비유하면 녹음된 부분을 말한다.

DNA → 테이프

A-T-A-T-A-T-G-C-C-C-G-A-A-T-G-A-A-T-A-T

T-A-T-A-T-A-C-G-G-G-C-T-T-A-C-T-T-A-T-A

A, G, C, T로 약칭해서 부르는 작은 분자(뉴클레오
티드)를 연결한 끈 모양의 분자.

A와 T, G와 C는 서로 끌어당겨 수소 결합을 형성하
며 DNA는 두 가닥의 사슬이 서로 쌍을 이룬 형태로
존재한다.

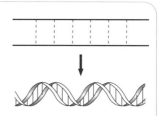

실제로 DNA의 입체 구조는 평면
이 아닌, 이중 나선 구조를 취한다.

주) 'genome(유전체)'이라는 단어에는 '유전자(gene)'의 '전체(-ome)'라는 뜻이 담겨 있다. 유전체와 마찬가지로
특정한 기능 또는 부분에 관여하는 단백질(protein)의 전체(-ome)를 통칭할 때는 '프로테옴(proteome, 단백체)'
이라고 한다.

예를 들면 걸리기 쉬운 질병과 약효에는 각기 개인차가 있다는 사실을 우리는 직감적으로 알고 있다. 이와 같은 개인차와 DNA의 개인차를 결부시킴으로써 의료에 도움을 주는 방안이 모색되고 있다. 이와 관련해서는 13막에서 좀 더 자세히 다루고자 한다.

●● 핵산은 뉴클레오티드를 연결한 사슬 모양의 분자로, 뉴클레오티드를 구슬이라고 한다면 핵산은 구슬을 꿴 목걸이 분자에 해당한다.

●● 핵산에는 디옥시리보핵산(DNA)과 리보핵산(RNA)의 두 종류가 있다.

●● DNA에는 단백질의 설계 정보가 새겨져 있는데, 정자와 난자의 핵에 담아서 한 세대에서 다음 세대로 전해진다.

●● 인간의 경우 정자와 난자의 핵 안에 각각 약 1.5m에 상당하는 DNA가 담겨 있다(3×10^9 개의 뉴클레오티드 쌍으로 이루어져 있다). 정자와 난자가 만나 수정란이 될 때 각각의 DNA가 합쳐지기 때문에 인간의 세포에는 합계 3m의 DNA가 들어 있다.

●● 두 가닥의 DNA는 히스톤이라는 실패처럼 생긴 단백질에 감겨서 촘촘하게 응축되어 있다. 이렇게 응축된 DNA를 염색체라고 한다.

●● DNA의 뉴클레오티드 기본 배열은 인류 공통이지만, 완전하게 동일한 것이 아니라 뉴클레오티드 약 1000개당 1개의 높은 비율로 개인차가 있다.

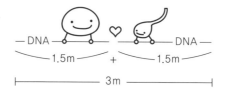

미니
유전학 사전

1. 유전과 유전자

생물은 저마다 독특한 모양과 성질을 갖고 있다. 예를 들면 눈빛이나 머리카락 색깔, 꽃의 색깔이나 콩의 모양 등 각기 고유한 특징이 있는데, 이런 생물의 특징을 생물학에서는 '형질(character)'이라고 한다.

코끼리는 코끼리만이 갖고 있는 특징이 있고 개구리는 개구리만의 특징이 있다. 개구리 새끼가 코끼리가 아닌 개구리의 생김새를 닮는 이유는 생물 고유의 형질이 부모에서 자식으로 전해지기 때문이다. 이처럼 부모의 형질이 자손에게 전해지는 현상을 '유전(inheritance)'이라고 한다.

그렇다면 생물의 형질이 어떻게 자손에게 전해지는 걸까?

달리 표현하면 자식이 부모를 닮는 이유는 무엇일까?

이 문제를 처음 과학적으로 거론한 이가 오스트리아의 수도사였던 그레고어 요한 멘델(Gregor Johann Mendel, 1822~1884)이다. 멘델은 완두콩의 모양과 색의 형질을 결정하는 몇 가지 입자의 존재를 관찰하여 유전의 법칙을 발견했다(1865년).

이 법칙과 관련해서는 다음 항목에서 설명하겠지만, 멘델이 예측·관찰한 입자는 훗날 '유전자(gene)'로 명명되고 그 화학적 실체는 DNA라는 사실이 밝혀졌다(1940년대). 그리고 DNA에 새겨진 유전 정보가 단백질과 RNA로 발현하는 구조가 밝혀진 것은 멘델의 유전법칙이 발표된 지 100년이 지난 1965년의 일이었다.

요컨대 유전자는 추상적으로는 '생물의 형질을 규정하고 자손에게 전해 주는 인자'이며, 그 실체는 'DNA 가운데 단백질과 RNA의 설계 정보를 담당하는 부분'이라고 정의내릴 수 있다.

미니 사전

'유전'의 정의 : 부모의 형질이 자손에게 전해지는 현상.
'유전자'의 추상적 정의 : 생물의 형질을 규정하고 자손에게 전해 주는 인자.
'유전자'의 구체적 정의 : DNA 가운데 단백질과 RNA의 설계 정보를 담당하는 부분.

2. 유전자형과 표현형

멘델은 완두콩의 형질이 어떻게 유전되는가를 설명하기 위해 콩의 색깔과 모양을 규정하는 입자를 상정하고 이를 '인자(element)'라고 불렀다. 지금은 이 인자를 유전자(gene)라고 부른다.

멘델에 따르면 '콩의 모양'을 나타내는 형질의 유전은 다음과 같이 설명할 수 있다.

(1) 콩의 둥근 모양을 규정하는 유전자를 'R(Round)'이라고 하고, 주름 모양을 규정하는 유전자를 'r'이라고 한다.

(2) 콩 모양을 규정하는 유전자(R 혹은 r)가 배우자(자손을 만드는 세포, 생식세포)에 하나씩 들어간다(분리의 법칙).

(3) 수분(受粉) 때 이들 유전자가 하나씩 모인다.

(4) 이때 유전자 조합(유전형)이 'RR'이면 자손의 콩 모양(표현형)은 둥근 모양이 된다. 유전형이 'rr'이면 자손의 표현형은 주름 모양이 나온다.

(5) 유전형의 조합이 'Rr'이라면 'R'의 영향이 'r'보다 우세하기 때문에 자손의 표현형은 둥근 모양이 나타난다(우성의 법칙).

'RR'이나 'rr' 혹은 'Rr'로 표기한 개체의 유전자 조합을 유전자형 (genotype)이라고 한다. 한편 '둥글다', '주름지다' 등 표면에 나타나는 형질 모양을 표현형(phenotype)이라고 한다.

그런데 위의 예에서 'R' 유전자와 'r' 유전자를 놓고 비교할 때 'R'은 'r'보다 형질로 나타나기 쉽다는 점에서 'R' 유전자를 우성(dominant), 'r' 유전자를 열성(recessive)이라고 한다.

여기에서 우성·열성이라는 말은 자칫 우수하다·열등하다로 오해하기 쉽지만, 능력의 차이가 아니라 단순히 형질로 나타나기 쉬운가, 나타나기 어려운가의 차이에 불과하다.

인간의 단일 유전자 질환 가운데 대부분은 열성(잠복성) 유전자에 기인하는 것으로, 아버지와 어머니, 즉 부모 모두에게서 물려받지 않는 한 질병으로 발병하지 않는다.

또한 멘델이 발견한 유전법칙은 유전자형이 표현형으로 직결되는 경우였지만, 표현형을 결정하는 요소는 유전자형 하나만으로 정해지는 것이 아니다. 대부분 다양한 환경인자가 더해짐으로써 표현형이 결정된다.

주) 보통 우성 유전자는 영문 대문자로, 열성 유전자는 영문 소문자로 나타낸다.

미니 사전

유전자형 : 개체에 고유한 유전자 조합의 유형.
표현형 : 표면에 나타나는 형질 모양으로, 유전자형과 환경인자의 상호 작용에 따라 결정된다.
우성 유전자 : 형질로 드러나기 쉬운 유전자(하나만 있어도 형질로 드러난다).
열성 유전자 : 우성 유전자가 존재할 때는 형질로 드러나지 않는 유전자(2개가 갖추어져야 비로소 형질로 나타난다).

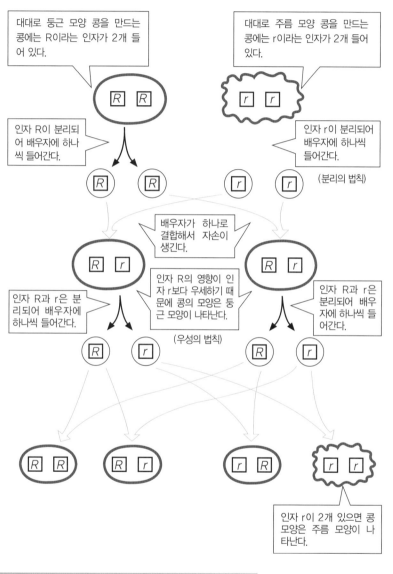

대대로 둥근 모양 콩을 만드는 콩에는 R이라는 인자가 2개 들어 있다.

대대로 주름 모양 콩을 만드는 콩에는 r이라는 인자가 2개 들어 있다.

인자 R이 분리되어 배우자에 하나씩 들어간다.

인자 r이 분리되어 배우자에 하나씩 들어간다.

(분리의 법칙)

배우자가 하나로 결합해서 자손이 생긴다.

인자 R과 r은 분리되어 배우자에 하나씩 들어간다.

인자 R의 영향이 인자 r보다 우세하기 때문에 콩의 모양은 둥근 모양이 나타난다.

인자 R과 r은 분리되어 배우자에 하나씩 들어간다.

(우성의 법칙)

인자 r이 2개 있으면 콩 모양은 주름 모양이 나타난다.

유전자형	RR	Rr	rr
표현형	둥근 모양	둥근 모양	주름 모양

● '유전자'만 '유전' 될까?

'자식이 부모를 닮는 것은 유전자(DNA)가 부모에게서 자식으로 전해지기 때문'이라는 사실은 현대 생물학의 상식이다. 그렇다면 DNA가 유전 형질의 모든 정보를 담당하고 있는 걸까?

예를 들면 인체 세포 하나당 염색체 수는 인간의 경우 46개, 침팬지는 48개 식으로 생물 종마다 고유의 숫자로 '유전하는 형질'임에 분명하다. 하지만 '염색체 수'라는 지극히 기본적인 형질 정보가 DNA의 뉴클레오티드 배열에 새겨져 있다는 증거는 없다(《生命を探る(생명을 탐구한다)》, 江上不二夫, 岩波新書, 1980年).

게다가 유전자(DNA)만으로는 아무것도 할 수 없다. DNA를 에워싸는 다양한 단백질과 RNA 분자가 있어야 비로소 DNA에 새겨진 정보가 형질로 발현될 수 있다. 즉 DNA만 유전되는 것이 아니라, DNA와 DNA를 둘러싼 다양한 분자들의 역동적인 상관관계도 유전된다.

3. 생식세포와 체세포

인간을 비롯한 다세포생물은 대개 수컷과 암컷이 있어서, 수컷의 정자와 암컷의 난자가 하나(수정)가 됨으로써 대대손손 자손을 남기게 된다.

다세포생물의 세포 가운데 정자(식물의 경우에는 화분)와 난자를 '생식세포'라고 하고, 생식세포 이외의 세포를 '체세포'라고 한다. DNA 입장에서 보면 생식세포는 자손에게 DNA를 물려주는 세포, 체세포는 자손에게 DNA를 물려주지 않는 세포라고 할 수 있다.

4. 상염색체와 성염색체

앞에서 자세히 설명했지만 DNA는 히스톤 등의 단백질을 이용해 촘촘하게 응축되어 있다. 이를 염색체라고 하는데, 인간의 생식세포 안에는 크기순으로 1번에서 22번까지 번호가 매겨진 22개의 '상염색체(autosome)'와 하나의 '성염색

● **염색체 관련 기초 용어**

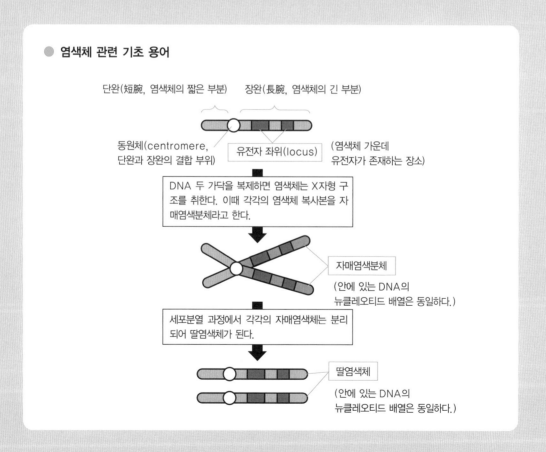

단완(短腕, 염색체의 짧은 부분)　　장완(長腕, 염색체의 긴 부분)

동원체(centromere, 단완과 장완의 결합 부위)　　유전자 좌위(locus)　　(염색체 가운데 유전자가 존재하는 장소)

DNA 두 가닥을 복제하면 염색체는 X자형 구조를 취한다. 이때 각각의 염색체 복사본을 자매염색분체라고 한다.

자매염색분체

(안에 있는 DNA의 뉴클레오티드 배열은 동일하다.)

세포분열 과정에서 각각의 자매염색체는 분리되어 딸염색체가 된다.

딸염색체

(안에 있는 DNA의 뉴클레오티드 배열은 동일하다.)

**
인간의 체세포에는 모양과
크기가 같은 염색체(상동
염색체)가 쌍을 이루며 22
쌍의 상염색체와 1쌍의 성
염색체가 들어 있다.

체(sex chromosome)'가 존재한다. ******

인간의 성염색체에는 X염색체와 Y염색체가 있어서, 난자 속에는 항상 X염색체가 하나 들어 있고 정자 속에는 X염색체 혹은 Y염색체 가운데 어느 하나가 들어 있다. 이 난자와 정자가 결합할 때 정자가 X염색체를 갖고 오면 딸이 탄생하고 Y염색체를 갖고 오면 아들이 탄생한다.

미니 사전

> **염색체** : DNA를 히스톤 등의 단백질로 촘촘하게 감아 놓은 것. DNA를 테이프라고 하면 카세트테이프에 해당하는 것이 염색체이다.
> **게놈** : 생식세포 안에 있는 DNA(염색체)를 통틀어서 게놈이라고 한다.
> **인간 게놈** : 22개의 상염색체와 1개의 성염색체.
> **성염색체** : 인간의 경우 난자의 X염색체와 정자의 X염색체가 만나면 딸이 탄생하고, 난자의 X염색체와 정자의 Y염색체가 만나면 아들이 탄생한다.

5. 상동염색체와 대립유전자

정자가 가져오는 염색체와 난자가 가져오는 염색체 가운데 모양과 크기가 같은 염색체를 '상동염색체(homologous chromosome)'라고 한다. 예를 들면 아버지로부터 유래한 9번 염색체와 어머니로부터 유래한 9번 염색체는 서로 상동염색체이다.

상동염색체에서 DNA의 뉴클레오티드 배열은 서로 비슷하지만 그렇다고 완전하게 동일한 것은 아니다. 따라서 아버지 쪽에서 유래한 염색체상의 유전자와 어머니 쪽에서 유래한 상동염색체가 같은 위치에 있는 유전자의 경우, 뉴클레오티드 배열이 조금씩 다른 것이 다수 존재한다. 이처럼 상동염색체상의 같은 위치에서 서로 뉴클레오티드 배열이 다른 유전자를 '대립유전자(allele)'라고 한다.

예를 들면 A형 혈액형을 규정하는 유전자와 B형 혈액형을 규정하는 유전자는

9번 염색체의 특정 위치에서 서로 대립유전자 관계에 놓여 있다.

미니 사전

상동염색체 : 아버지와 어머니로부터 유래하는 모양과 크기가 같은 1쌍의 염색체.
대립유전자 : 상동염색체상의 같은 위치에서 서로 뉴클레오티드 배열에 차이가 나는 유전자.

● **상동염색체와 대립유전자**

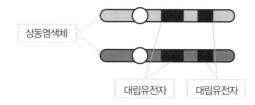

▶ 모양과 크기가 동일하고, 한쪽은 아버지로부터 유래하고 또 한쪽은 어머니로부터 유래하는 염색체를
'상동염색체'라고 한다. DNA의 뉴클레오티드 배열은 서로 비슷하지만 조금씩 차이가 난다.
▶ 상동염색체상의 같은 위치에서 서로 뉴클레오티드 배열이 다른 유전자를 '대립유전자'라고 한다.

6. 체세포분열과 감수분열

정자와 난자가 만나면 수정란이 만들어진다. 우리의 몸은 이 수정란이 분열을
거듭해서 만들어진 체세포들로 이루어져 있다. 이들 체세포를 만드는 세포분열
을 '체세포분열(somatic division, mitosis)'이라고 한다. 체세포분열에서는 본
래 세포와 동일한 DNA 세트가 2개의 세포에 똑같이 배분된다.

한편 새로운 생식세포를 만드는 세포분열을 '감수분열(meiosis)'이라고 한다.
감수분열에서는 1회의 DNA 복제에 이어 2회의 세포분열을 통해 하나의 세포(생

식원세포)에서 4개의 생식세포가 만들어진다. 그 과정은 다음과 같다.

(1) DNA 양을 2배로 복제한다

이때 세포당 DNA 양은 2배가 되지만 염색체 수는 변함이 없다(인간의 경우 46개).

(2) 상동염색체를 한 쌍으로 결합시킨다(접합)

X염색체와 Y염색체는 서로 상동염색체가 아니지만 일부 상동한 부분이 있어서 접합시킬 수 있다.

(3) 쌍이 된 상동염색체끼리 상동염색체 일부를 교환한다(교차)

이 과정은 다양한 유전자 조합을 탄생시키는, 생물학적으로 지극히 중요한 과정이다.

(4) 새롭게 재조합된 상동염색체 쌍을 분리시켜 2개로 나누어진 세포에 분배한다(제1분열)

이때 세포당 염색체 숫자는 반이 된다(인간의 경우 23개).

(5) 한 번 더 염색체를 분리시켜 2개로 나누어진 세포에 분배한다(제2분열)

이 과정에서 염색체 숫자는 변함이 없지만(인간의 경우 23개) 염색체 내의 DNA 양은 반감한다.

● 체세포분열

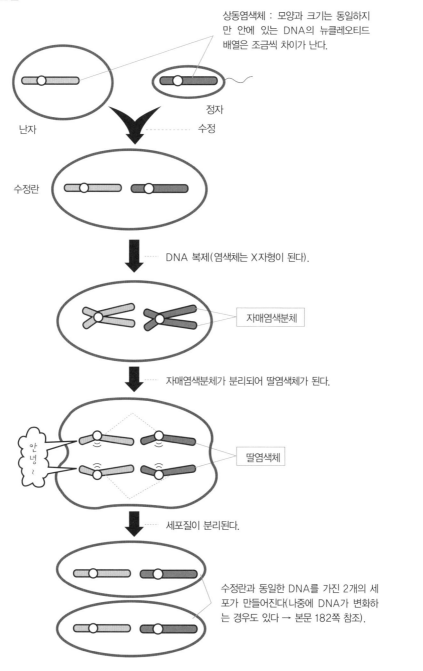

상동염색체 : 모양과 크기는 동일하지만 안에 있는 DNA의 뉴클레오티드 배열은 조금씩 차이가 난다.

정자

난자

수정

수정란

DNA 복제(염색체는 X자형이 된다).

자매염색분체

자매염색분체가 분리되어 딸염색체가 된다.

안녕~

딸염색체

세포질이 분리된다.

수정란과 동일한 DNA를 가진 2개의 세포가 만들어진다(나중에 DNA가 변화하는 경우도 있다 → 본문 182쪽 참조).

● 감수분열

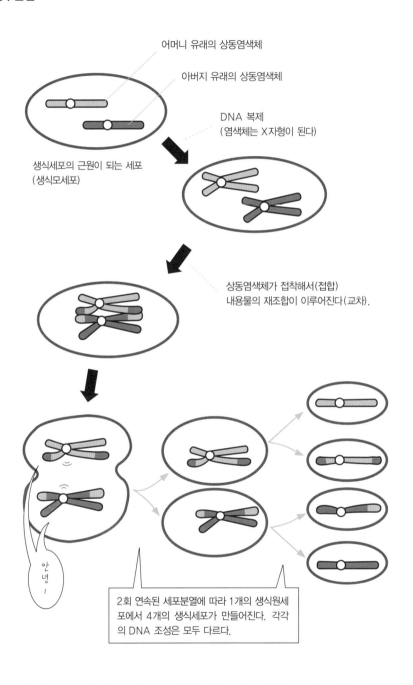

어머니 유래의 상동염색체

아버지 유래의 상동염색체

DNA 복제
(염색체는 X자형이 된다)

생식세포의 근원이 되는 세포
(생식모세포)

상동염색체가 접착해서(접합)
내용물의 재조합이 이루어진다(교차).

안녕~

2회 연속된 세포분열에 따라 1개의 생식원세
포에서 4개의 생식세포가 만들어진다. 각각
의 DNA 조성은 모두 다르다.

7. 감수분열의 생물학적 의의

감수분열의 첫 번째 의의는 염색체 수(DNA 양)가 체세포의 절반에 해당하는 생식세포를 낳는다는 점이다. 만약 반으로 줄어들지 않으면 수정할 때마다 수정란의 염색체 수(DNA 양)는 2배로 늘어난다.

한편 감수분열의 가장 중요한 의의를 꼽는다면 유전적으로 변화가 풍부한 생식세포를 만들어 낸다는 사실이다.

감수분열 과정에서는 복제한 어머니 유래 염색체와 아버지 유래 염색체 가운데 하나씩 뽑아서 생식세포를 만든다. 이 분배 방식은 기본적으로 랜덤이다.

예를 들면 인간의 체세포에는 23쌍의 염색체가 있는데, 그 가운데 1번 염색체는 어머니 유래, 2번 염색체는 아버지 유래……라는 식이다. 선정 방식은 2의 23승(약 840만) 가지가 된다.

달리 표현하면 동일한 염색체 세트의 생식세포가 만들어질 가능성은 840만분의 1이다. 더욱이 상동염색체끼리 교차하는 구조에서는 같은 염색체 세트의 생식세포가 나올 확률은 사실상 제로가 된다.

미니 사전

체세포분열 : 체세포를 만드는 세포분열. 분배된 DNA의 양과 내용 모두 본래 세포의 DNA와 동일하다.

감수분열 : 생식세포를 만드는 세포분열. 분배된 DNA의 양은 본래 세포의 절반이다. 유전적으로 일치하는 생식세포가 만들어질 확률은 제로이다.

DNA를 복제하다))))

정자와 난자가 만나서 수정란이 되면 새로운 생명체가 탄생한다. 우리 몸의 세포는 단 하나의 수정란이 분열을 거듭해서 생긴 세포들이다.

정자와 난자 안에는 각각 1.5m에 달하는 DNA 두 가닥이 들어 있는데, 정자와 난자가 만나 수정란이 될 때 각자가 가지고 있던 두 가닥의 DNA도 한 곳에 모이게 된다. 그리고 200분의 1㎜ 남짓 되는 핵 속에 총 3m에 달하는 두 가닥의 DNA가 46개의 염색체 형태로 들어 있다.

수정란이 2배로 분열할 때는 이 두 가닥의 DNA가 2배로 복제되어서 2개의 세포에 똑같이 배분된다. 이렇게 탄생한 세포가 다시 분열할 때는 마찬가지로 두 가닥의 DNA가 복제되어서 새롭게 탄생하는 2개의 세포에 똑같이 배분된다.

제8막에서는 이중 나선 구조를 취하는 DNA가 2배로 복제되는 원리, 즉 복제 시스템을 살펴보기로 하자.

DNA 복제 시스템

DNA의 복제 원리는 지극히 단순하다. 우선 지퍼를 열듯이 두 가닥의 DNA를 분리한다. 한 가닥이 된 각각의 DNA를 마이너스로 삼아서 각각에 플러스 한 가닥을 새롭게 만들어 가는 것이다.

DNA의 재료인 4종류의 디옥시리보뉴클레오티드(A, G, C, T)는 세포 안에서 헤엄치며 떠돌고 있는데, 이 DNA를 헬리카제(helicase)라는 단백질이 분리하면 한 가닥이 된 DNA(마이너스) 가운데 A에는 T가, G에는 C가, C에는 G가, T에는 A가 끌어당기듯 서로 결합한다. 이렇게 결합한 뉴클레오티드를 DNA 폴리메라아제(DNA polymerase, DNA 합성효소)가 하나로 연결하면 새로운 한 가닥의 DNA(플러스)가 만들어진다. 즉 똑같은 DNA가 2배로 증가한다. 이와 같은 복제 방법을 '반(半) 보존적 복제'라고 하는데, 새롭게 생긴 두 가닥의 DNA 가운데 반쪽에는 옛 DNA의 한쪽 사슬이 그대로 보존되어 있기 때문이다.

그렇다면 〈Scene 8.2〉에서 복제 과정을 좀 더 자세히 알아보자.

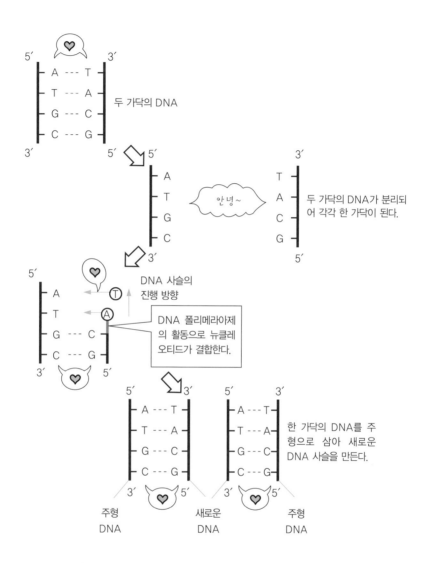

두 가닥의 DNA

두 가닥의 DNA가 분리되어 각각 한 가닥이 된다.

DNA 사슬의 진행 방향

DNA 폴리메라아제의 활동으로 뉴클레오티드가 결합한다.

한 가닥의 DNA를 주형으로 삼아 새로운 DNA 사슬을 만든다.

주형 DNA

새로운 DNA

주형 DNA

하나의 세포가 2개의 세포로 분열 증식할 때는 동일한 DNA를 2배로 늘린 다음, 새롭게 만들어지는 2개의 세포에 DNA를 똑같이 배분한다.

DNA를 2배로 늘릴 때는 우선 지퍼를 열듯이 두 가닥의 DNA를 분리한다. 분리된 한 가닥의 DNA(마이너스) A에는 T가, G에는 C가, C에는 G가, T에는 A가 끌어당기듯 서로 결합한다. 이렇게 결합한 뉴클레오티드를 DNA 폴리메라아제가 하나로 연결해서 새로운 한 가닥의 DNA(플러스)를 만든다.

DNA 복제의 진행 방향

scene / 8.2

✳✳
복제 기점은 세균 등 원핵
세포의 DNA 경우 보통 한
군데지만 진핵세포의 DNA
경우는 여러 군데 존재한다.

DNA 복제는 '복제 기점'에서 출발한다.✳✳

복제 제1단계는 복제 기점에서 헬리카제가 두 가닥의 DNA를 한 가닥씩 떼어 놓는 작업이다. 여기서 잠시 지퍼 중앙에 있는 지퍼 고리를 양 방향으로 끌어당기는 장면을 상상해 보자.

두 가닥의 DNA를 지퍼라고 한다면 헬리카제는 지퍼를 여는 지퍼 고리와 같은 단백질이다. 요컨대 2개의 헬리카제(지퍼를 여는 고리)가 복제 기점에서 각각 양 방향으로 진행하면서 두 가닥의 DNA(지퍼)를 한 가닥씩 분리한다.

복제 제2단계는 헬리카제를 이용해서 분리된 한 가닥의 DNA를 주형(鑄型)으로 삼아서 DNA 폴리메라아제가 새로운 DNA를 합성하는 작업이다. 여기에서 주의해야 할 사항이 있다. 그것은 DNA 폴리메라아제는 5'에서 3' 방향으로만 DNA 합성 작업을 진행할 수 있다는 점이다. 즉 DNA 복제는 5'에서 3' 방향으로만 진행한다.

그런데 헬리카제가 두 가닥의 DNA를 풀 때, DNA 한 가닥은 150쪽과 같이 3'에서 5' 방향으로 노출되지만, 다른 한 가닥은 5'에서 3' 방향으로 노출된다. 3'에서 5' 방향으로 노출되는 DNA 사슬을 주형으로 삼는 경우에는 DNA 복제가 5'에서 3' 방향으로 연속적으로 진행하지만(➡), 5'에서 3' 방향으로 노출되는 DNA 사슬을 주형으로 삼는 경우에는 DNA 복제가 연속적으로 진행되지 않는다 (⇢).

이처럼 DNA 복제가 연속적으로 이루어지지 않을 때는 먼저 헬리카제가 100~200개 뉴클레오티드 분량의 주형 DNA를 노출시킨 다음, DNA 폴리메라아제가 5'에서 3' 방향으로 새로운 DNA를 합성하고, 다시 헬리카제는 100~200개 뉴클레오티드 분량의 DNA 주형을 노출시킨 뒤, DNA 폴리메라아제가 5'에서 3' 방향으로 새로운 DNA를 합성하는 식으로 끊임없이 반복해 나간다.

이렇게 단편적으로 합성된 DNA 조각을 '오카자키 절편(Okazaki fragment)'이라고 하고, 이때 생긴 DNA 조각들은 DNA 리가아제(DNA ligase)라는 단백질을 이용해 하나로 이어 붙인다.**

연속적으로 합성되는 DNA 사슬을 '선도 사슬(leading chain)'이라고 하고, 단편적으로 합성된 후 나중에 하나로 이어지는 DNA 사슬을 '지연 사슬(lagging chain)'이라고 한다.

1

복제 기점

5′ ━━━━━━━━━━━━━━━━━━━━━━━━━━▶ 3′
3′ ◀━━━━━━━━━━━━━━━━━━━━━━━━━━ 5′

두 가닥의 DNA

2

복제 갈래
(replication fork)

헬리카제가 두 가닥의
DNA를 한 가닥으로 푼다.

5′ ━━━━━━━━━ 3′ 5′ ━━━━━━━━━ 3′
3′ ━━━━━━━━━ 5′ 3′ ━━━━━━━━━ 5′

헬리카제

DNA 폴리메라아제가 5′→3′ 방향으로
새로운 DNA를 합성한다.

3

헬리카제   헬리카제

5′ 3′   5′ 3′
지연 사슬   선도 사슬
5′ ━━━━   ━━━━ 3′
3′ ◀━━━   3′   3′   ━━━▶ 5′
       5′   5′
          3′   3′
          5′   3′ 5′   3′ 5′

헬리카제가 진행하는 방향과 DNA 합성 방향(5′→3′)
이 역방향이라면 새로 생성된 DNA는 단편적으로 합
성된다(오카자키 절편).
오카자키 절편은 DNA 리가아제를 이용해 하나로 이
어 붙인다.

헬리카제가 진행하는 방향
과 DNA 합성 방향이 같
으면 새로 생성된 DNA는
연속적으로 합성된다.

:: DNA 합성의 도화선

지금까지 설명했듯이, DNA 폴리메라아제는 한 가닥 DNA의 3' 말단에 새로운 디옥시리보뉴클레오티드를 연결함으로써 DNA를 합성하는 효소이다.

그런데 여기에서 하나의 과정, 즉 '한 가닥의 핵산'이 주어지지 않으면 DNA 폴리메라아제는 새로운 DNA를 합성하지 못한다. 즉 헬리카제가 두 가닥의 DNA를 한 가닥으로 분리했다고 해서 바로 DNA 폴리메라아제가 출동, 새로운 DNA를 합성할 수 있는 것은 아니라는 얘기다.

여기에서 RNA 프라이머(primer)라는 '한 가닥의 핵산'이 필요하다. 프라이머란 '도화선'이라는 뜻인데, RNA 프라이머 합성을 도화선으로 DNA 합성이 시작되는 것이다.

RNA 프라이머는 RNA 프리마아제(primase)라는 효소를 통해 합성된다. RNA 프리마아제는 헬리카제가 분리한 한 가닥의 DNA 사슬 가운데, 10 뉴클레오티드 정도를 주형으로 삼아서 RNA 프라이머를 합성한다.

그러면 DNA 폴리메라아제는 RNA 프라이머의 3' 말단에 새로운 디옥시리보뉴클레오티드를 연결해서 DNA를 합성하는 것이다. DNA 합성이 진행되면 RNA 프라이머 부분은 'RNase(리보뉴클레아제, RN아제)' 효소를 통해 분해되어 DNA로 치환된다.

이처럼 DNA 합성은 헬리카제, RNA 프리마아제, DNA 폴리메라아제, RNase 등등 다양한 단백질들이 출연하는 대하드라마인 셈이다.

●● 인간의 DNA 길이는 지구 몇 바퀴일까?

하나의 세포에는 3m나 되는 두 가닥의 DNA가 들어 있다.

그렇다면 우리 인체 세포가 60조 개의 세포로 이루어졌다는 숫자를 믿는다면, 우리 몸속에는 총 3×60조=180조(180,000,000,000,000)m의 DNA가 들어 있는 셈이다. 이에 비하면 지구의 지름은 평균 12,670,000m밖에 되지 않는다.

그러면 우리 몸속에 있는 DNA 길이로 과연 지구를 몇 바퀴나 돌 수 있을까?

지구 한 바퀴의 평균 길이 = 3.14×12,670,000m
　　　　　　　　　　　 = 39,783,800m(약 4천만m)
우리 몸속에 있는 DNA의 평균 길이÷지구 한 바퀴의 평균 길이
　　　　　　　　　　　 = 180조m÷4천만m
　　　　　　　　　　　 = 약 450만 바퀴

불과 3m였던 두 가닥의 DNA를 지구 450만 바퀴나 돌 수 있는 길이로 늘리는 생명의 신비……. 참으로 놀라운 일이 바로 우리 몸속에서 일어나고 있는 것이다.

주) 덧붙이자면 지구에서 태양까지의 거리는 평균 약 1500억m니까, 우리 몸속에 있는 DNA 길이는 **지구에서 태양까지 약 600번 왕복할 수 있는 길이**다.

한편 건강한 성인 남성은 1초 동안 천 개의 정자를 만들고, 또 한 번의 사정으로 2억~3억 마리의 정자를 방출한다고 한다.

이들 정자 안에 1.5m의 DNA가 가득 들어 있다면 성인 남성은 1초 동안 약 1500m의 DNA를 만들고, 딱 한 번의 사정으로 지구 10바퀴에 가까운 길이의 DNA를 방출하고 있는 셈이다.

지구 450만 바퀴라고요?
우와, 엄청난데~!

●● 인간 DNA와 침팬지 DNA의 차이는?

우리 몸속에 지구 450만 바퀴나 돌 수 있는 DNA가 들어 있다면 그 DNA 안에는 도대체 어떤 정보가 새겨져 있을까? 그것은 바로 생명체를 만들어 내기 위한 정보이며 생명체는 그 정보를 자손에게 전해 준다.

그런데 DNA에 축적된 정보에서 어떻게 생명체가 만들어질 수 있을까?

이와 관련해서는 단 하나의 세포로 살아가는 대장균에 관한 실체도 잘 모르는 것이 사실이다. 다만 확실한 점은 DNA에는 '단백질의 제작법' 정보가 들어 있다는 사실이다. 단백질이야말로 세포의 주요 성분이자 생명 활동의 가장 중요한 근간이다.

그리고 DNA 정보를 해독해서 단백질을 제작하는 기본 원리는 모든 생명체에 공통되는 것으로, '대장균에서 통하는 진실은 코끼리에서도 통하는 진실이다'라는 명언이 있을 정도이다(자크 모노, 1910~1976, 프랑스의 생화학자).

대장균은 대장균 고유의 DNA 정보를 해독해서 독자적인 단백질을 만들어 낸다. 코끼리는 코끼리 고유의 DNA 정보를 읽어 내서 독자적인 단백질을 만들어 낸다. 요컨대 DNA의 차이야말로 대장균과 코끼리의 차이, 즉 생물종(species)의 차이를 낳는다고 생각할 수 있다.

하지만 정말로 DNA의 차이만이 생물종의 차이를 만들까?

최근 인간 DNA와 침팬지 DNA 사이에는 암호 문자(뉴클레오티드)의 배열 순서에 거의 차이가 없다는 사실이 밝혀졌다. 그 차이는 1~2%밖에 되지 않는다고 하는데, 과연 단 1%가 인간과 침팬지의 차이를 낳는 걸까? 그 해답은 아직 아무도 모른다.

제9막

유전자에서 단백질로

　제8막에서는 하나의 세포에 들어 있는 DNA가 어떻게 복제되는지 그 과정을 살펴보았다. 이 DNA에는 '단백질 제작법'의 정보를 담당하는 부분이 있다. 이를 유전자라고 한다. DNA를 '테이프'에 비유하면 정보를 담당하는 부분, 즉 '녹음된 부분'에 해당하는 것이 유전자이다.

　제9막에서는 생명체가 유전자의 정보를 해독해서 단백질을 만들어 내는 과정을 알아보기로 하자.

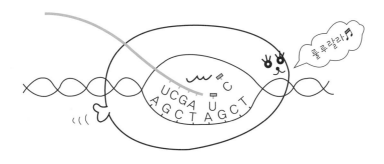

유전자란?

scene 9.1

＊＊
유전 정보를 갖고 있지 않은 부분, 즉 단백질의 설계 정보 담당 영역을 제외한 DNA 부분을 '정크 DNA(junk DNA)'라고 한다. '정크(junk)'란 원래 '쓰레기'라는 뜻이지만 '분리해서 다른 용도로 쓰이는 고물'이라는 의미도 있다. 마찬가지로 정크 DNA도 전혀 쓸모없는 쓰레기가 아니라 중요한 역할을 담당하는 필수품일 확률이 높다. 이를 뒷받침할 만한 사례로 유전자의 발현 제어에 관여하는 영역이 존재한다는 사실이 밝혀졌는데, 정크의 기능과 용도를 밝히는 작업은 앞으로 중요한 연구 과제 가운데 하나이다. 정크 DNA와 관련해서는 189쪽에 자세히 정리해 놓았다.

DNA 분자에는 '단백질 제작법'의 정보를 담당하는 부분이 있는데, 이 부분을 '유전자(gene)'라고 한다.

앞에서 생명체를 원핵생물과 진핵생물로 분류할 수 있다고 얘기했는데, 이 원핵생물과 진핵생물 모두 유전자의 화학적 실체는 DNA이다. 하지만 구조에는 차이가 있다.

예를 들면 단 하나의 세포로 이루어진 세균(원핵생물)의 경우, DNA의 대부분이 단백질의 설계 정보를 담당하는 부분으로 채워져 있다.

반면에 인간(진핵생물)의 경우, 단백질의 설계 정보를 담당하는 부분이 전체 DNA 가운데 드문드문 위치한다. 게다가 설계 정보 부분에 해당하는 부분을 모두 합해도 전체 DNA의 2~3%밖에 되지 않는다. 즉 인간의 정자와 난자가 각자 가져오는 1.5m의 DNA 가운데 단백질 설계 정보가 새겨져 있는 유전자 부분은 고작 3~4.5cm에 불과하다.

그렇다면 유전자를 제외한 DNA 영역에는 어떤 의미를 부여할 수 있을까? 혹시 아무런 의미도 없는 것일까? 그 답 역시 아무도 모른다. ＊＊

음~, 전체 DNA 가운데 97% 이상은 아직 그 존재 의미를 알 수 없구나

단백질을 설계하는 암호

9.2

scene

그렇다면 과연 DNA는 어떻게 단백질의 설계 정보를 책임지고 있을까?

DNA는 4종류의 디옥시리보뉴클레오티드(A·G·C·T)를 하나로 연결한 목걸이 분자이다. 달리 표현하면 4종류의 암호 문자를 나열한 분자가 바로 DNA 분자이다. 한편 단백질은 20종류의 아미노산을 하나로 연결한 분자이다. 세포 내 DNA 암호 문자(4종류의 디옥시리보뉴클레오티드)의 다채로운 배열을 3개씩 끊어서 읽으면 아미노산 배열로 변신한다.

예를 들면,

$$-A-T-G-C-C-C-G-T-A-T-G-A-$$

와 같은 암호 문자 배열이 있다고 가정하자.

처음의 '–A–T–G–'라는 암호 문자 3개는 단백질 합성을 개시하는 신호임과 동시에 메티오닌이라는 아미노산을 불러오는 신호이다. 이어서 '–C–C–C–' 라는 3개의 암호 문자 배열은 프롤린이라는 아미노산을 불러와 연결하는 신호이고, '–G–T–A–'는 발린이라는 아미노산을 불러와 연결하는 신호가 된다. 그리고 마지막 '–T–G–A–'는 단백질 합성을 종료하는 신호이다.

요컨대,

$$-A-T-G-C-C-C-G-T-A-T-G-A-$$

라는 암호 문자 배열은 '메티오닌– 프롤린– 발린'을 뜻하는 아미노산의 배열, 즉 단백질로 변환되는 것이다.

단백질을 만드는 2부작 드라마

scene **9.3**

    DNA의 암호 문자 배열을 아미노산의 문자 배열, 즉 단백질로 바꾸는 기본 원리를 살펴보았다. 그럼 지금부터는 그 구체적인 드라마를 시청해 보자. 드라마는 크게 2부작으로 구성된다.

    먼저 제1부는 전체 DNA 가운데 필요한 부분만을 베껴 쓰는 장면으로 '전사(傳寫, transcription)'라고 한다. 전사란 책에 써 있는 문장의 일부분을 비슷한 문자를 이용해 노트에 옮기는 것이다. 즉 A · G · C · T 의 4가지 문자(디옥시리보뉴클레오티드)로 이루어진 문장(DNA)을 비슷한 문자(리보뉴클레오티드)를 이용해 똑같이 베껴 쓰는 작업이 전사이다. 이때 DNA 가운데 필요한 일부분만 똑같이 베껴서 만들어진 분자를 '메신저 RNA(mRNA)'라고 한다.

    단백질을 만드는 드라마 제2부는 메신저 RNA가 담당 정보를 읽어 내서 아미노산을 연결하는 장면으로 '번역(translation)'이라고 한다. 우리가 'pen'이라는 영어를 '펜'이라는 우리말로 옮기는 작업을 번역이라고 하듯이, 분자생물학

● **분자생물학에서 말하는 '전사'와 '번역'의 의미**

DNA(사용 문자는 4가지 디옥시리보뉴클레오티드 : A, G, C, T)

 전사

메신저 RNA(사용 문자는 4가지 리보뉴클레오티드 : A, G, C, U)

 번역

단백질(사용 문자는 20가지 아미노산)

에서 말하는 번역도 4가지 문자(리보뉴클레오티드)로 구성된 문장(메신저 RNA)을 전혀 다른 문자(아미노산)를 나열한 문장(단백질)으로 치환하는 작업이다.

단백질 탄생 드라마의 무대

scene 9.4

✳✳
세포 외부로는 나오지 않고
세포질(세포막 안쪽에서
핵을 제외한 부분)에서 번
역 작업이 이루어진다.

DNA는 핵 안에 존재하기 때문에, DNA 가운데 일부분을 베껴 쓰는 작업(전사)도 당연히 핵 안에서 이루어진다. 요컨대 핵은 단백질의 '설계도 모음집'인 DNA를 보관하는 도서관이자, 동시에 그 정보를 필요할 때 베끼는(전사하는) 장소이기도 하다.

핵 안에서 필요한 DNA를 옮겨서 만들어진 복사 분자(메신저 RNA)는 핵 밖으로 나와서 핵 외부✳✳에서 단백질을 만든다(번역). 대장균과 같이 핵이 없는 세포(원핵세포)는 전사와 번역이 같은 장소에서 동시에 이루어진다.

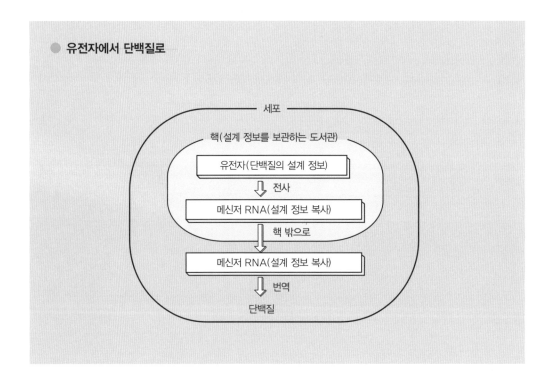

● 유전자에서 단백질로

세포

핵(설계 정보를 보관하는 도서관)

유전자(단백질의 설계 정보)

⬇ 전사

메신저 RNA(설계 정보 복사)

⬇ 핵 밖으로

메신저 RNA(설계 정보 복사)

⬇ 번역

단백질

단백질 탄생 드라마 – 전사

9.5

DNA 가운데 필요한 부분만을 복사하는 '전사' 장면, 즉 드라마 제1신을 감상해 보자.

● **전사의 원리**

1 지퍼를 열듯이 두 가닥의 DNA를 분리한다.

2 한 가닥의 DNA 가운데 오목하게 생긴 염기(凹)에 볼록한 상보성 염기(凸)를 가진 리보뉴클레오티드를 결합시킨다.

3 한 가닥의 DNA와 결합한 리보뉴클레오티드를 하나로 연결해서 메신저 RNA를 만든다.

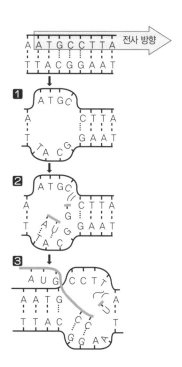

이상의 과정은 RNA 폴리메라아제(RNA polymerase, RNA 합성효소)가 담당한다.

● RNA 폴리메라아제

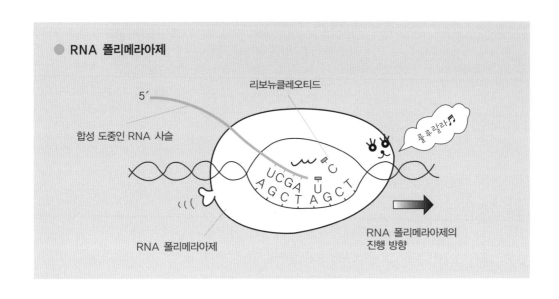

리보뉴클레오티드

5′

합성 도중인 RNA 사슬

UCGA U AGCT AGCT

룰루 랄랄라 ♪

RNA 폴리메라아제

RNA 폴리메라아제의
진행 방향

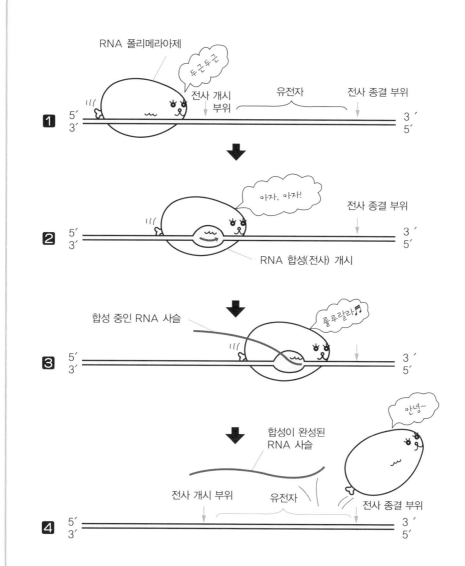

1 RNA 폴리메라아제(RNA 합성효소)가 유전자의 전사 개시 부위에 접근한다.

2 ~ **3** RNA 폴리메라아제는 두 가닥의 DNA 사슬을 분리해서 한쪽 DNA 사슬을 주형으로 삼아 리보뉴클레오티드를 연결해 간다.

4 RNA 폴리메라아제가 전사 종결 부위에 도착하면 완성된 RNA 사슬과 RNA 폴리메라아제는 DNA에서 분리된다.

단백질 탄생 드라마 - 번역

scene **9.6**

뉴클레오티드 언어에서 아미노산 언어로

DNA에 새겨진 암호 정보를 해독해서 단백질을 만드는 드라마 제2부는 메신저 RNA의 암호 문자(리보뉴클레오티드) 배열을 아미노산 배열로 옮기는 '번역'이다.

이때 메신저 RNA의 암호 문자는 3개씩 끊어서 해석한다. 이 3개의 문자 조합은 통합된 암호 정보(코드)로 해석되기 때문에 '코돈(codon)'이라고 부른다.

예를 들면 '-A-U-G-'코돈은 단백질 합성을 개시하는 신호이자 동시에 메티오닌이라는 아미노산을 지정하는 신호이기도 하다. 또 '-C-C-C-'코돈은 프롤린이라는 아미노산을 지정하는 유전 암호이다.

각각의 코돈에 대응하는 아미노산을 다음 페이지에 정리해 두었다. 이 표를 '코돈 표'라고 하는데, 약간의 예외를 제외하고 지구상의 모든 생명체에 공통적으로 적용되는 표이다. 모든 생명체의 코돈 표가 동일하다는 사실은 모든 생명체가 하나의 조상에서 비롯되었음을 시사한다.

그런데 여기에서 하나의 아미노산에 대응하여 복수 개의 코돈이 존재한다는 점에 주목하자. 예를 들어 발린이라는 아미노산에 대응하는 코돈은 '-G-U-U-'와 '-G-U-C-'등 여러 개가 있다. 이는 방사선 등의 돌연변이 유발물질로 인해 DNA가 변화(변이)해서 코돈의 세 번째 리보뉴클레오티드가 다른 리보뉴클레오티드로 바뀌더라도 아미노산 배열 정보에는 변함이 없도록 하기 위한 생명체의 현명한 대처 능력이라고 할 수 있다.

● 메신저 RNA의 유전 암호(코돈 표)

첫 번째 리보뉴클레오티드↓	두 번째 리보뉴클레오티드→				세 번째 리보뉴클레오티드↓
	U	C	A	G	
U	UUU ⎱ 페닐알라닌 UUC ⎰ UUA ⎱ 류신 UUG ⎰	UCU ⎱ UCC ⎰ 세린 UCA UCG	UAU ⎱ 티로신 UAC ⎰ UAA [2] ⎱ 번역 UAG [2] ⎰ 종료	UGU ⎱ 시스틴 UGC ⎰ UGA [2] 번역 종료 UGG 트립토판	U C A G
C	CUU CUC ⎱ 류신 CUA CUG	CCU CCC ⎱ 프롤린 CCA CCG	CAU ⎱ 히스티딘 CAC ⎰ CAA ⎱ 글루타민 CAG ⎰	CGU CGC ⎱ 아르기닌 CGA CGG	U C A G
A	AUU AUC ⎱ 이소류신 AUA AUG [1] 메티오닌	ACU ACC ⎱ 트레오닌 ACA ACG	AAU ⎱ 아스파라긴 AAC ⎰ AAA ⎱ 리신 AAG ⎰	AGU ⎱ 세린 AGC ⎰ AGA ⎱ 아르기닌 AGG ⎰	U C A G
G	GUU GUC ⎱ 발린 GUA GUG	GCU GCC ⎱ 알라닌 GCA GCG	GAU ⎱ 아스파라긴산 GAC ⎰ GAA ⎱ 글루탐산 GAG ⎰	GGU GGC ⎱ 글리신 GGA GGG	U C A G

[1] AUG는 단백질 합성, 즉 번역 개시 신호를 의미하므로 '개시 코돈'이라고 한다.

[2] UAA, UGA, UAG는 번역 종료 신호를 의미하므로 '종료 코돈'이라고 한다.

번역에 가담하는 협력자들 ① – 운반 RNA

scene **9.7**

메신저 RNA의 리보뉴클레오티드 3문자 조합(코돈)이 1개의 아미노산에 대응하는 모습을 살펴보았다.

그런데 아미노산이 직접 코돈을 찾아가지는 않는다. 아미노산을 메신저 RNA의 코돈까지 운반하는 분자가 있는데, 이를 '운반 RNA(transfer RNA, tRNA)'라고 한다.

운반 RNA가 메신저 RNA의 코돈과 결합하는 부분을 '안티코돈(anticodon)'

미니**세포**극장 ::: **운반 RNA가 코돈에 대응하는 아미노산을 운반한다**

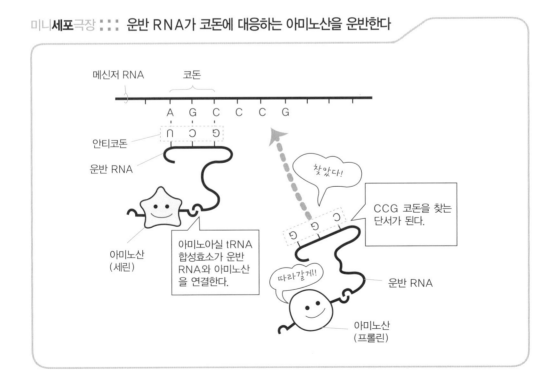

이라고 한다. 코돈과 안티코돈은 서로 끌어당기는 상보적 관계에 있다. 예를 들면 '–A–G–C–' 코돈에는 '–U–C–G–' 안티코돈이 결합한다.

번역에 가담하는 협력자들 ② - 아미노아실 tRNA 합성효소

scene **9.8**

번역을 바르게 하기 위해서는 아미노산을 운반하는 운반 RNA와 아미노산의 대응 관계가 정확하고 틀림없어야 한다.

단백질을 만드는 아미노산은 20가지가 있는데. 이에 각기 대응하는 운반 RNA(tRNA)를 정확하게 결합시키는 주인공이 바로 '아미노아실 tRNA 합성효소(aminoacyl tRNA synthetase)'이다. 하나하나의 아미노산에는 각기 이에 대응하는 아미노아실 tRNA 합성효소가 있다. 즉 20가지의 아미노아실 tRNA 합

미니**세포**극장 ::: 운반 RNA와 아미노아실 tRNA 합성효소

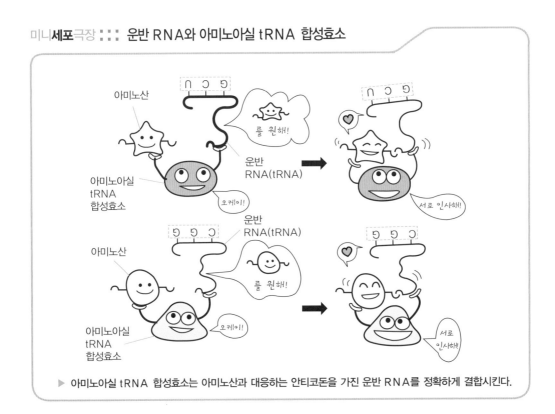

▶ 아미노아실 tRNA 합성효소는 아미노산과 대응하는 안티코돈을 가진 운반 RNA를 정확하게 결합시킨다.

성효소가 존재하는 셈이다.

만약 아미노아실 tRNA 합성효소가 아미노산과 운반 RNA를 정확하게 결합시키지 못하면, 코돈과 아미노산 대응은 엉망이 되어서 메신저 RNA의 정보가 잘못 번역된다. 결과적으로 정상적인 단백질을 만들지 못하는 것이다.

번역에 가담하는 협력자들 ③ - 리보솜

scene 9.9

　번역이란 메신저 RNA의 뉴클레오티드 배열을 이에 대응하는 아미노산 배열로 바꾸는 작업이다. 즉 운반 RNA가 메신저 RNA의 코돈까지 아미노산을 운반하고, 아미노산과 아미노산을 연결하는 작업이 번역의 드라마이다.

　그런데 이 드라마가 진행되기 위해서는 메신저 RNA, 운반 RNA, 아미노산과 같은 배우들만으로는 부족하다. 번역을 하기 위해서는 또 하나의 배우가 필요한데, 그것이 바로 리보솜이다.

　리보솜은 눈사람처럼 생긴 분자로, 눈사람의 '얼굴'에 해당하는 부분을 작은 소단위체(subunit)라 하고 '몸통'에 해당하는 부분을 큰 소단위체라고 한다. 리보솜의 작은 소단위체와 큰 소단위체 사이에 메신저 RNA가 끼어들듯 결합하면 단백질 합성이 시작된다. 리보솜에는 운반 RNA가 드러누울 수 있는 침대 같은 장소가 두 군데 서로 인접해 있는데, 이를 P자리(P site)와 A자리(A site)라고 한다. 각각의 P자리와 A자리에는 메신저 RNA의 코돈이 노출되어 있다.

미니**세포**극장 ::: **리보솜의 구조**

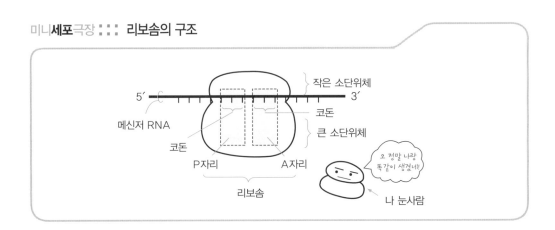

∷ 유전자 군과 단백질 양 2

제9막의 막간을 이용해 유전자 군과 단백질 양을 분장실에서 잠시 만났다.

유전자 군   하하하, 난 유전자님이다! 내가 왜 위대한지 이제 알겠지? 생명체가 죽어도 나는 절대 죽지 않는다. 생명체에 생명을 불어넣고 존재하게 끔 이끌어 주는 나, 이 세상에 살아 있는 모든 존재는 나의 신하에 불과하다. 하하하!

단백질 양   지금 무슨 말을 하는 거야? 정신 차려 이 친구야. 못 말릴 왕자병이군!

유전자 군   뭐! 뭐가 잘못 됐어? 난 자기 복제하면서 태곳적부터 영생을 누리고 있다고? 내 말이 틀려?

단백질 양   그래, 틀리다. 너 방금 자기 복제라고 했지? 그것만 해도 효소를 비롯해서 우리 단백질이 없으면 복제 자체가 애당초 불가능한 거 몰라?

유전자 군   뭣이! 지금 누구 덕분에 네가 그런 모양을 유지할 수 있는 건데? 나는 너희들의 모양을 설계하고 있다고.

단백질 양   알아. 그건 고맙게 생각해. 하지만 우리 단백질을 만드는 건 유전자 군만의 위업은 아니라고. 유전자를 복제하는 것도 단백질, 유전자 정보를 해독해서 단백질을 만드는 것도 단백질이라고! 우리가 없으면 유전자 군은 아무것도 못해. 그리고 말이 나왔으니 말인데, 단백질의 생김새를 결정하는 건 유전자 때문이라고 해도 우리 얼굴을 예쁘게 다듬어 주는 건 샤프롱(chaperone) 단백질 덕분이라고!▪

유전자 군	그 샤프롱 단백질도 내가 설계한 거잖아!

단백질 양	하지만 샤프롱의 얼굴을 예쁘게 만들어 주는 건 샤프롱 덕분이라는 거 알아?

유전자 군	그게 도대체 뭔 말이야? 아이고 머리 아파…….

■ '샤프롱(chaperone)'이라는 단어의 사전적 의미는 '보호자, 보살펴 주는 사람'이라는 뜻이다.
　샤프롱 단백질에는 (1) 합성 도중의 단백질과 일시적으로 결합해서 입체 구조가 성숙하게끔 이끌어 주는 단백질, (2) 고열 등의 스트레스로 발현되며 다른 단백질이 정확한 입체 구조를 유지하게끔 도와주는 단백질, (3) 세포 내에서 짧은 시간만 활동해야 하는 단백질과 스트레스가 야기한 이상 구조의 단백질을 적극적으로 분해하는 단백질 등이 있다.

번역의 3단계

9.10
scene

제1단계 아미노산의 운반

리보솜의 P자리에는 번역 개시 암호인 'AUG'에 대응하는 아미노산(메티오닌**) 을 동반한 운반 RNA가 위치하고 있다.

공석으로 빈 A자리에 아미노산을 동반한 운반 RNA가 접근한다. A자리에서 노출된 메신저 RNA의 코돈과 운반 RNA의 안티코돈이 서로 만나면 운반 RNA 는 A자리에 안착한다. 요컨대 리보솜의 A자리에 아미노산(amino acid)을 동반 한 운반 RNA가 결합하는 작업이 단백질 합성의 제1단계이다.

** **메티오닌**
원핵세포의 경우 N-포르밀 메티오닌이라는 특수한 아미노산을 개시 아미노산 으로 이용한다. 한편 진핵 세포의 경우 개시 아미노 산은 보통 메티오닌이지만 개시에 가담하는 특별한 운 반 RNA가 존재하는데, 이를 '개시 tRNA (initiator tRNA)'라고 한다.

제2단계 아미노산 간의 결합

그 다음은 P자리와 A자리에 있는, 운반 RNA와 결합한 아미노산과 아미노산을 서로 연결한다. 이때 P자리에 있던 운반 RNA는 붙잡고 있던 아미노산의 손을 놓는다. 이 화학반응은 리보솜의 큰 소단위체 표면에 있는 펩티딜트랜스퍼라제 (peptidyl transferase)라는 효소를 통해 이루어진다.

P자리에 있는 아미노산과 A자리에 있는 아미노산이 서로 결합하면 리보솜은 메신저 RNA의 코돈 1개 분량(3개의 뉴클레오티드에 해당)만큼 자리를 이동한다.

그러면 원래 P자리에 있던 운반 RNA는 해산한다. 한편 원래 A자리에 있던 운반 RNA는 P자리로 이동하게 된다. A자리는 다시 공석이 되어 다음 아미노산을 동반한 운반 RNA를 맞이한다.

이와 같이 P자리는 만들어지고 있는 단백질(polypeptide)을 동반한 운반 RNA를 맞이하는 것이다.

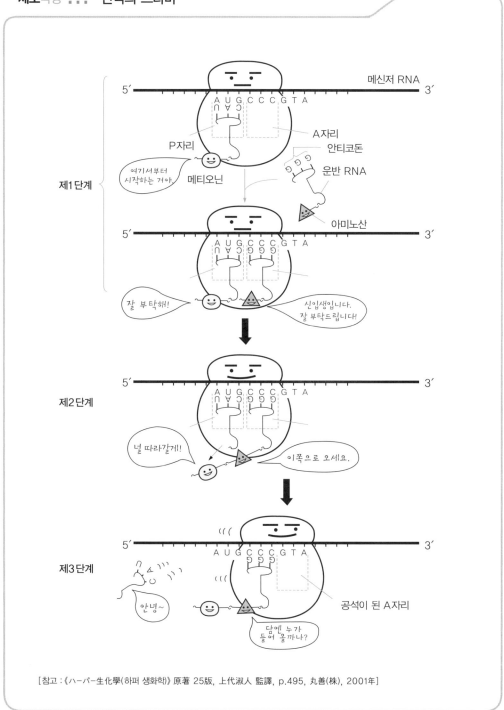

[참고 : 《ハーパー生化學(하퍼 생화학)》原著 25版, 上代淑人 監譯, p.495, 丸善(株), 2001年]

분자생물학
연구실

:: 원핵생물과 진핵생물

앞에서 설명했듯이 원핵생물과 진핵생물의 전사와 번역 과정에는 다소 차이가
있다. 그 차이점을 정리해 보았다.

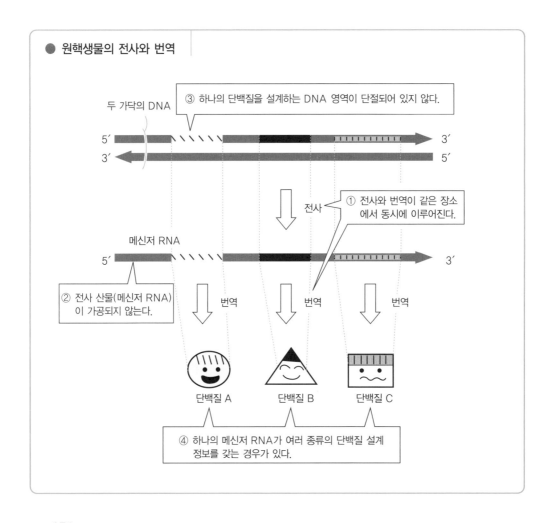

● 원핵생물의 전사와 번역

두 가닥의 DNA

③ 하나의 단백질을 설계하는 DNA 영역이 단절되어 있지 않다.

전사

① 전사와 번역이 같은 장소에서 동시에 이루어진다.

메신저 RNA

② 전사 산물(메신저 RNA)이 가공되지 않는다.

번역   번역   번역

단백질 A   단백질 B   단백질 C

④ 하나의 메신저 RNA가 여러 종류의 단백질 설계
정보를 갖는 경우가 있다.

[원핵생물]

① 전사와 번역이 같은 장소에서 동시에 이루어진다.

② 전사 산물(메신저 RNA)이 가공되지 않는다.

③ 하나의 단백질을 설계하는 DNA 영역이 단절되어 있지 않다.

④ 하나의 메신저 RNA가 여러 종류의 단백질 설계 정보를 갖는 경우가 있다.

[진핵생물]

① 전사는 핵 안에서, 번역은 핵 밖에서 이루어진다.

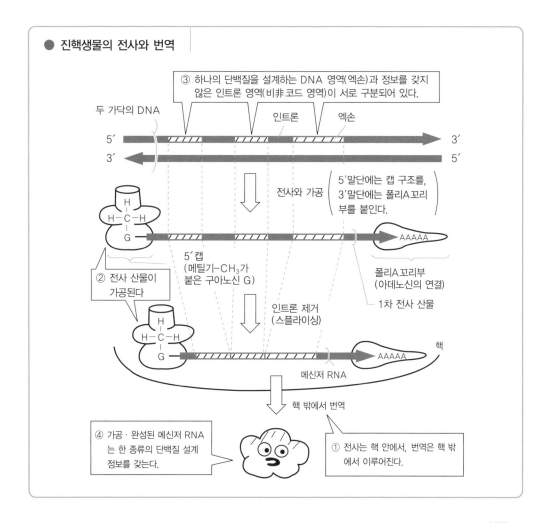

② 전사 산물이 가공된다(이를 '프로세싱'이라고 한다).

③ 하나의 단백질을 설계하는 DNA 영역(엑손 exon)과 정보를 갖지 않은 인트론 (intron) 영역(비非 코드 영역)이 서로 구분되어 있다.

④ 가공·완성된 메신저 RNA는 한 종류의 단백질 설계 정보를 갖는다.

● ● 유전자란 단백질의 설계 정보를 담당하는 DNA 영역을 말한다. 즉 메신저 RNA로 전사해서 단백질로 번역하는 DNA 부분을 유전자라고 한다.

- 인간의 경우 전체 DNA 가운데 2~3%만이 단백질의 설계 정보를 담당한다.

● ● 유전자 정보를 해독해서 단백질을 제작하는 과정은 크게 전사와 번역으로 나눌 수 있다.

- 전사는 전체 DNA 가운데 필요한 부분만을 똑같이 베껴 메신저 RNA를 만드는 작업으로 핵 안에서 이루어진다.

- 번역은 메신저 RNA가 담당 정보를 읽어 내서 아미노산을 연결하는 작업으로 핵 밖에서 이루어진다.[1]

● ● 핵이 없는 원핵세포의 경우 전사와 번역이 같은 장소에서 동시에 이루어진다.

● ● 번역을 할 때 메신저 RNA의 3개의 연속된 뉴클레오티드 조합은 통합된 암호 정보(코드)로 해석되기 때문에 '코돈(codon)'이라고 한다.

● ● 지구상에 존재하는 모든 생물의 DNA에는 유전자가 담겨 있으며[2], 코돈의 의미도 일치한다. 이와 같은 사실은 모든 생명체가 하나의 조상에서 비롯되었음을 시사한다.

---

[1] 진핵세포의 경우 번역은 핵 밖의 액체 성분(세포질 졸)과 소포체 등 세포소기관에서 이루어진다.

[2] '바이러스는 생명체인가?'라는 문제에 대해서는 의견이 분분하지만, DNA를 유전자로 삼는 바이러스도 있고 RNA를 유전자로 삼는 바이러스도 있다.

제10막

유전자를 편집하다))))

지금까지 유전자에서 단백질이 만들어지는 단백질 탄생 드라마를 시청했다.

그렇다면 하나의 유전자는 하나의 단백질만 제작할까?

1940년대부터 1970년대에 걸쳐 '하나의 유전자는 한 종류의 단백질 설계 정보에 가담한다'는 견해가 지배적이었다(1유전자 1효소설).

하지만 인간의 세포는 10만 종, 아니 무수히 많은 단백질을 만들 수 있는 데 비해 유전자 수는 약 3만~5만 개에 불과하다. 즉 '1유전자 1효소설'이 성립하기 어렵다. 그렇다면 이 모순을 어떻게 해결할 수 있을까?

그 열쇠는 DNA와 RNA의 접착식 재배열이 쥐고 있다.

항체 유전자의 재배열 - DNA의 구조 변화

1983년, 일본의 도네가와 스스무(利根川進, 1939~, 일본의 면역학자로 1987년 노벨생리의학상 수상) 박사는 DNA의 재배열을 통해 무수히 많은 종류의 항체 단백질을 만들어 낼 수 있다는 사실을 발표했다. 여기서 항체란 면역반응에 가담하는 분자를 일컫는다.

인간이 생활하는 환경 속에는 무수히 많은 바이러스와 세균 등의 이물(항원)이 득실거린다. 이들 이물과 싸우는 림프구(B세포와 T세포)는 세포 표면의 수용체 단백질(B세포 수용체[항체]와 T세포 수용체)을 이용해 이물을 붙잡는다.

그런데 림프구 수용체 단백질이 붙잡을 수 있는 이물의 종류는 한정되어 있다. 그럼에도 무수히 많은 이물을 붙잡는 것은 무수히 많은 이물의 숫자만큼 다양한 수용체 단백질이 림프구에서 만들어지고 있다는 의미이다.

림프구에서 특이성을 가진 수용체 단백질을 무한정으로 만들어 낼 수 있는 이유는 각각의 림프구들이 세포 안에서 수용체 단백질의 유전자를 마치 접착식 메모지처럼 떼었다 붙였다 자유자재로 편집할 수 있기 때문이다. 이를 '유전자의 재배열(gene rearrangement)'이라고 한다.

예를 들면 B세포의 림프구 수용체(항체)는 2개의 H사슬(heavy chain)과 2개의 L사슬(light chain)로 구성되어 있다. H사슬 유전자는 수백 종류 이상의 V유전자 조각에서 하나, 10종류 이상의 D유전자 조각에서 하나, 4종류의 J유전자 조각에서 하나 식으로 무작위로 뽑아서 이를 하나로 연결해서 완성된다. V유전자 조각-D유전자 조각-J유전자 조각의 조합만으로도 수만 가지의 유전자가 만들어진다.

L사슬에서도 똑같은 작업이 이루어지기 때문에 H사슬과 L사슬을 조합하면 1000만 가지 이상의 다양한 조합이 만들어진다. T세포의 림프구 수용체도 똑같은 원리로 만들어진다.

인체를 구성하는 200종 이상의 세포들은 모양과 기능이 달라도 모두 수정란과 똑같은 유전자를 갖고 있다고 생각해 왔다. 그런데 B세포와 T세포의 경우 수정란에는 없었던 새로운 유전자가 만들어지고 있었던 것이다.

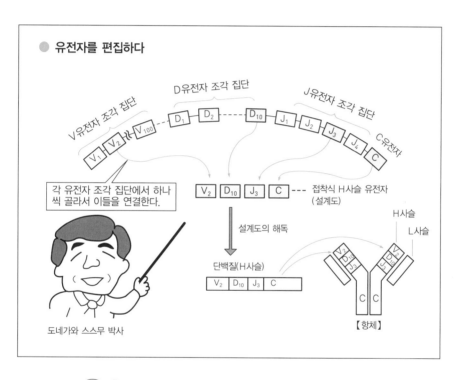

● 유전자를 편집하다

각 유전자 조각 집단에서 하나씩 골라서 이들을 연결한다.

도네가와 스스무 박사

그런데 유전자를 떼었다 붙였다 편집하는 명령은 누가 내리는 거지?

그건 말이지, B세포와 T세포가 키우는 환경이 명령하는 거라고!

B세포(혹은 T세포)는 성숙 과정에서 RAG1, RAG2 유전자(recombination activating gene)를 발현한다. RAG1, RAG2가 코드하는 단백질이 항체(혹은 T세포 수용체) 유전자를 떼었다 붙였다 하는 명령을 내리는 것이다.

메신저 RNA의 재배열

scene **10.2**

3만~5만 개의 유전자에서 10만 종 이상의 단백질을 만들어 낼 수 있는 또 한 가지 비법은 '스플라이싱(splicing)'이라는 메신저 RNA의 재배열 작업이다. 원래 '스플라이싱'은 '짜깁기'라는 뜻이다.

앞에서 소개했듯이, 진핵세포 유전자는 단백질의 설계 정보를 가진 부분(엑손)과 단백질의 설계 정보를 갖지 않은 무의미한 부분(인트론)으로 나누어진다. 진핵세포 유전자가 해독될 때 의미 있는 엑손과 의미 없는 인트론이 다같이 RNA로 전사된다(일차 전사 산물 : mRNA의 전구체). 이 일차 전사 산물로부터 메신저 RNA가 만들어지는 과정에서 인트론이 떨어져 나가고 엑손과 엑손이 서로 붙는다. 이를 스플라이싱이라고 한다. 스플라이싱 작업은 진핵세포 유전자에서만 볼 수 있다.

그런데 스플라이싱을 통해 일부 엑손만이 선택되고 나머지 엑손은 인트론과 함께 폐기처분되는 경우가 있다. 이를 '선택적 스플라이싱(alternative splicing)'이라고 한다.

예를 들면 5개의 엑손을 가진 유전자를 생각해 보자.

5개의 엑손을 모두 연결하면,

엑손 1 – 엑손 2 – 엑손 3 – 엑손 4 – 엑손 5

라는 RNA가 생기는데,

엑손 3을 인트론과 함께 버리면,

엑손 1 – 엑손 2 – 엑손 4 – 엑손 5

라는 메신저 RNA가 만들어진다.
또 엑손 4를 인트론과 함께 버리면,

엑손 1 – 엑손 2 – 엑손 3 – 엑손 5

라는 메신저 RNA가 만들어진다.

결과적으로 하나의 유전자에서 여러 종류의 RNA가 편집되어 단백질로 번역된다. 선택적 스플라이싱도 하나의 유전자에서 여러 종류의 단백질을 만드는 비법인 것이다.

● 일차 전사 산물의 편집

1

편집 전의 메신저 RNA(일차 전사 산물)

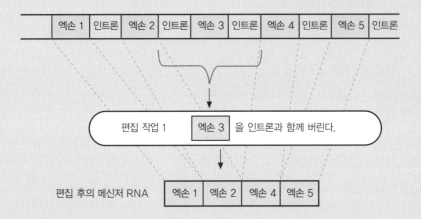

2

편집 전의 메신저 RNA

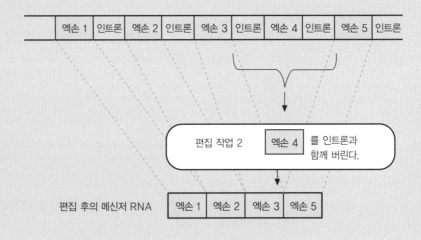

항체의 재등장

10.3

scene

일차 전사 산물(가공되기 이전의 메신저 RNA)의 재배열, 즉 스플라이싱을 통해 종류가 다른 단백질을 만들어 내는 예로 항체 유전자에 대해 살펴보기로 하자.

항체는 이물(항원)을 붙잡아서 공격하는 단백질로, 면역담당세포인 B세포가 생산한다. 처음에 B세포가 만드는 항체는 항원과 결합하지 않는 꼬리 부분이 B세포 표면에 결합한다. 이를 막(膜)결합형 항체라고 한다. 드디어 싸워야 할 적, 항원이 접근하면 B세포는 미사일처럼 생긴 항체로 모양을 바꾸어 항원을 공격한다. 이 미사일 항체를 분비형 항체라고 한다. 막결합형 항체와 분비형 항체의 차이점은 꼬리 모양에서 차이가 나는데, 막결합형 항체에서 분비형 항체로 변신하는 작업은 일차 전사 산물의 재편성을 통해 이루어진다.

요컨대 처음에는 막결합형 항체의 꼬리를 설계하는 엑손을 선택해서 일차 전사 산물의 재편성이 이루어지지만, 항원이 침입하면 분비형 항체의 꼬리를 설계하는 엑손을 선택해서 일차 전사 산물을 편집하는 것이다.

적절한 타이밍을 가늠해서 유전자 해독법을 바꾸는 놀라운 시스템이 아닐 수 없다. 유전자가 생명체를 지배하는 것이 아니라, 생명체 자체가 유전자를 교묘하게 이용하고 있는 셈이다.

막결합형 항체　　　　　　　　분비형 항체

하이라이트))))

● ● 1970년대까지는 '하나의 유전자는 한 종류의 단백질 설계 정보에만 가담한다'고 생각했다.

● ● 인간의 세포는 10만 종 이상의 단백질을 만들어 낼 수 있다. 그런데 유전자는 3만~5만 개 정도밖에 되지 않는다는 사실이 2001년에 밝혀졌다.

● ● 많지 않은 유전자에서 무수히 많은 단백질을 만들어 내는 원리는 DNA 자체를 붙였다 떼었다 하는 편집 작업과 DNA 정보를 똑같이 복사한 일차 전사 산물(메신저 RNA 전구체)을 재배열하는 것으로, 다양한 메신저 RNA를 제작할 수 있다.

– DNA 자체를 편집하는 작업을 '유전자의 재배열'이라고 한다.

– 메신저 RNA가 성숙하는 과정에서 인트론 영역을 제거하고 엑손 배열을 연결하는 작업을 스플라이싱이라고 한다. 다채로운 스플라이싱 작업으로 다양한 메신저 RNA가 만들어진다(선택적 스플라이싱).

분자생물학
연구실

:: **유전자의 정의**

지금까지 유전자란 단백질의 설계 정보를 담당하는 DNA의 한 영역이라고 했다. 유전자는 메신저 RNA로 전사되어 단백질로 번역된다. 이를 '유전자 발현(gene expression)'이라고 한다.

그런데 제11막에서 공부하겠지만 DNA에는 유전자 발현의 양을 조절하는 영역이 있어서 이를 '조절성 DNA 염기서열(regulatory DNA sequence)'이라고 하는데, 이 영역도 유전자에 포함시키는 경우가 있다.

또한 단백질 번역에 가담하는 운반 RNA(tRNA)와 리보솜 RNA**(rRNA)도 DNA의 한 영역을 전사함으로써 만들어지는데, 이 tRNA와 rRNA를 설계하는 DNA 영역을 유전자라고 부를 때도 있어서 종종 혼란을 초래하기도 한다.

이를 명확하게 정리하면 다음과 같다.

**
리보솜 RNA
리보솜은 여러 종류의 단백질과 RNA가 모여서 만들어진다. 리보솜을 구성하는 RNA를 '리보솜 RNA'라고 한다.

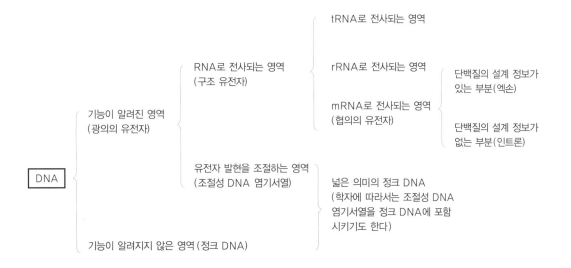

제11막

유전자 해독을 조절하다))))

인간과 같은 다세포생물의 경우 수많은 세포가 서로 협동하면서 조직과 기관을 만들고 궁극적으로는 조화로운 개체를 탄생시킨다.

심장세포는 심장세포로서 맡은 바 역할에 충실하고 피부세포는 피부 활동을 담당한다. 이처럼 조직이나 기관이 저마다 독자적인 활동을 할 수 있는 것은 각각의 세포가 특정 유전자를 적절한 타이밍으로 해독해서 고유의 단백질을 합성하기 때문이다. 즉 개별 세포는 3만~5만 개의 유전자 가운데 필요한 단백질만 제작할 수 있도록 유전자 해독법을 조절하고 있는 것이다.

제11막에서는 DNA에 새겨진 유전자 가운데 특정 유전자만을 선택해서 해독하는 과정을 살펴보자.

필요한 단백질만 합성한다

scene / **11.1**

＊＊
어떤 세포라도 언제나 해독되는 유전자가 있는데, 이를 '하우스키핑 유전자(housekeeping gene)'라고 한다. DNA 복제와 세포분열, 제4막에서 공부한 세포호흡 등 세포의 생존에 필요한 기본적인 단백질의 정보를 담당하는 유전자의 총칭이다.

인체를 구성하는 200종 이상의 세포들은 각기 독자적인 단백질을 제작한다. 예를 들면 근육세포는 액틴(actin)과 미오신(myosin)이라는 근육 고유의 운동 단백질을 만들고, 적혈구 세포는 적혈구 고유의 헤모글로빈(hemoglobin)을 만든다. 개별 세포의 특수한 모양과 기능은 세포 안에서 만들어지는 독자적인 단백질에 따라 결정된다고 해도 과언이 아니다.

체세포는 원칙적으로 수정란과 동일한 DNA를 갖는데(B세포의 항체 유전자와 T세포의 항원 수용체는 예외), 그 DNA 가운데 필요한 부분만 해독해서 독자적인 단백질을 제작하는 것이다. ＊＊

제9막에서 설명했듯이 단 하나의 단백질을 만드는 일조차도 엄청난 정성과 노력이 필요하다. 따라서 필요 없는 단백질을 만드는 일은 그야말로 에너지 낭비이다. 어떤 단백질이 필요 없다고 결정했다면 그 단백질의 유전자 해독을 처음 단계부터, 즉 전사 단계부터 중지하는 것이 현명하다.

반대로 어떤 단백질을 만들고 싶다면 그 단백질의 유전자를 전사해서 메신저 RNA를 많이 만들어 두면 그만큼 많은 단백질을 만들 수 있다.

이처럼 어떤 유전자를 해독해서 단백질을 만들 것인가 만들지 않을 것인가는 그 유전자를 전사할 것인가 전사하지 않을 것인가의 문제로 귀결된다.

한편 어떤 유전자가 단백질로 해독된 경우 그 유전자를 '온(ON)' 상태에 있다고 한다. 반대로 어떤 유전자가 단백질로 해독되지 않았을 때는 그 유전자를 '오프(OFF)' 상태에 있다고 한다. 이처럼 유전자 해독은 스위치를 전환하듯이 조절되고 있는 것이다.

어떤 유전자를 전사할 것인가를 직접 결정하는 분자는 '유전자 조절 단백질(gene regulatory protein)'이다. 어떤 유전자 조절 단백질은 DNA의 특정 영역에 버티고 앉아서 특정 유전자를 해독할 수 있게 이끌어 준다. 또 다른 유전자 조절 단백질은 DNA의 특정 영역(조절성 DNA 염기서열)에 버티고 앉아 특정 유전자 해독을 방해한다.

이와 관련해서는 구체적인 메커니즘이 아직 밝혀지지 않은 부분이 많지만 현재 연구가 한창 진행 중이다. 여기에서는 우선 단세포 원핵생물인 대장균을 예로 들어서 기본 원리를 알아보기로 하자.

대장균은 단세포이기 때문에 환경 변화에 대처하기 위한 조절이 하나의 세포 안에서 이루어진다. 달리 표현하면 환경 변화에 적응하는 대처법이 해당 세포에 포함된 DNA가 담당하는 유전 정보의 해독 조절로 이루어진다고 할 수 있다.

한편 다세포 진핵생물과 관련해서는 〈분자생물학 연구실〉(203쪽)에서 자세히 알아보기로 한다.

내가 활동하면 단백질이 많이 생기고, 내가 활동하지 않으면 단백질은 생기지 않는다고요!

RNA 폴리메라아제

대장균의 취향

scene **11.2**

그럼 대장균 이야기를 시작해 보자.

포도당(glucose)은 살아 있는 모든 생명체의 기본적인 영양원이다(제3막). 이것은 인간의 대장 속에서 기생하는 대장균도 예외는 아니다. 대장균도 포도당을 분해해서 에너지원으로 삼는다.

그런데 대장균이 좋아하는 포도당 대신 젖당(lactose)을 주면 대장균이 어떤 반응을 보일까? 젖당은 모유의 주성분인데, 대장균이 젖당을 에너지원으로 이용하려면 일단 젖당 분해효소로 분해해야 한다. 대장균 입장에서 보면 젖당은 포도당보다 이용하기 어려운 '맛없는 당'이다. 하지만 대장균이 살아가려면 젖당 분해효소를 만들어 젖당을 분해해야 한다.** 즉 맛있는 포도당이 없고 맛없는 젖당만 존재하는 환경이라면 대장균은 울며 겨자 먹기로 젖당 분해효소의 설계 정보를 가진 유전자를 해독할 수밖에 없다.

그렇다면 포도당과 젖당이 모두 주어진다면 대장균은 어떤 반응을 보일까?

실제 실험에서 대장균은 포도당만 분해하고 젖당은 분해하지 않았다. 포도당이 있으니까 군이 맛없는 젖당을 분해하는 젖당 분해효소를 만드는 수고를 하지 않았던 것이다. 그런데 포도당을 다 먹어치우자 대장균은 어쩔 수 없이 젖당 분해효소를 새로 만들어서 젖당을 분해하기 시작했다.

**
이와 같이 세포에 특정 물질을 부여하면 이를 세포 내부로 받아들여서 분해하는 데 필요한 효소가 합성되는 현상을 '유도 현상'이라고 하고, 이때 만들어진 효소를 '유도 효소'라고 한다. 발생과 관련된 '유도(본문 217쪽)'와는 성질이 다르다.

좌절을 딛고 탄생한 세기의 아이디어 – 리프레서 단백질

11.3

scene

 방금 얘기한 대장균 이야기는 1944년에 프랑스의 자크 모노(Jacques Monod) 연구팀이 발견한 현상이다. 대장균의 진기한 현상을 설명하기 위해 자크 모노와 프랑수아 자코브(Francois Jacob, 1920~ , 프랑스의 생화학자)는 '리프레서 단백질(repressor protein)' 이라는 아이디어에 착안했다(1961년). 두 사람은 다음과 같이 생각했다. 대장균이 젖당이 없을 때 필요 없는 젖당 분해효소를 만들지 않는 이유는 리프레서 단백질이 젖당 분해효소의 유전자 해독을 개시하는 부분(전사 개시 부위)에 버티고 앉아서 유전자 해독(전사)을 방해하기 때문이다.

 여기에서 대장균에게 젖당을 주면, 젖당이 리프레서 단백질과 상호 작용을 통해 리프레서 단백질의 모양이 일그러지고 리프레서 단백질이 DNA에서 떨어져 나간다. 즉 리프레서 단백질이 젖당 분해효소의 유전자 전사 개시 부위에서 떨어지기 때문에 젖당 분해효소의 유전자가 해독될 수 있다고 생각했다.

 모노와 자코브는 이 아이디어를 구체화시키기 위해 10년 이상 연구를 거듭했다. 그것은 제2차 세계대전 때 군의관으로 출정해 부상을 당한 후 외과의사의 꿈을 접어야 했던 자코브와 한때는 일류 지휘자의 꿈을 꾸었지만 사정상 연구학자의 길로 돌아서야만 했던 모노, 두 과학자의 뜨거운 열정이 있었기에 가능한 일이었다.

 그들은 리프레서 단백질의 실체를 규명하지는 못했지만, 이 아이디어가 발표된 지 몇 년 뒤에 리프레서 단백질의 실체가 밝혀졌다(1966년).

 단, 이 단계에서는 아직 대장균의 수수께끼를 반밖에 풀지 못했다고 할 수 있다. 그렇다면 젖당이 있어도 포도당이 있을 때는 젖당 분해효소의 유전자가 해독되지 않는 이유는 무엇 때문일까?

활발한 행동파, 액티베이터 단백질

scene 11.4

이때 등장하는 분자가 '액티베이터 단백질(activator protein)'이라는 유전자 조절 단백질이다.

액티베이터 단백질은 리프레서 단백질과 마찬가지로 DNA의 특정 영역에 버티고 앉아 있다. 그런데 리프레서 단백질이 유전자 해독(전사)을 방해한다면, 반대로 액티베이터 단백질은 유전자 해독을 적극적으로 촉진시킨다(달리 표현하면 전사를 위해 액티베이터 단백질이 필요한 유전자는 액티베이터 단백질이 DNA의 특정 영역에 결합하지 않으면 적극적으로 전사 작업이 이루어지지 않는다고 할 수 있다).

액티베이터 단백질은 유전자를 전사하는 RNA 폴리메라아제(RNA 합성효소)를 끌어당기거나 RNA 폴리메라아제의 활성을 높이는 활성화 분자인데, 젖당 분해

미니**세포**극장 ::: **액티베이터 단백질**

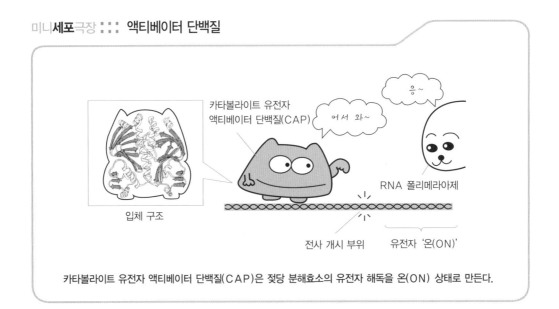

카타볼라이트 유전자 액티베이터 단백질(CAP)은 젖당 분해효소의 유전자 해독을 온(ON) 상태로 만든다.

효소의 유전자 해독을 온(ON) 상태로 만드는 액티베이터 단백질(카타볼라이트 유전자 액티베이터 단백질 : catabolite gene activator protein, CAP)의 입체 구조는 일본에서 행운을 부르는 고양이로 유명한 '마네키네코'와 아주 흡사하다.

[1] 젖당이 없을 때

젖당이 없을 때는 젖당을 분해하는 효소를 만들어도 의미가 없다. 대장균은 이런 낭비를 절대 하지 않는다. 그 원리는?

정답: 젖당이 없으면 젖당 분해효소의 유전자 해독을 방해하는 리프레서 단백질(락토오스 리프레서)이 쌩쌩하기 때문이다(활성 상태이다).

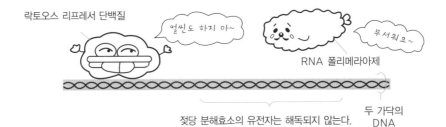

락토오스 리프레서 단백질
얼씬도 하지 마~
RNA 폴리메라아제
무서워요~
젖당 분해효소의 유전자는 해독되지 않는다.
두 가닥의 DNA

[2] 포도당이 있을 때

맛있는 포도당이 눈앞에 있다면 일부러 맛없는 젖당 분해효소를 만들 필요가 없다. 대장균은 이런 의미 없는 작업을 하지 않는다. 그 원리는?

정답: 포도당이 있으면 젖당 분해효소의 유전자 해독을 '온' 상태로 만드는 액티베이터 단백질(카타볼라이트 유전자 액티베이터 단백질)이 활동하지 않기 때문이다.

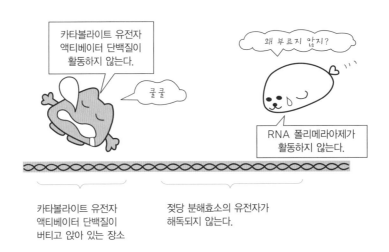

카타볼라이트 유전자 액티베이터 단백질이 활동하지 않는다.
쿨 쿨
왜 부르지 않지?
RNA 폴리메라아제가 활동하지 않는다.
카타볼라이트 유전자 액티베이터 단백질이 버티고 앉아 있는 장소
젖당 분해효소의 유전자가 해독되지 않는다.

위기를 알리는 사이클릭 AMP

11.5

그런데 젖당 분해효소의 유전자 해독 스위치를 '온'으로 바꾸려면, 리프레서 단백질이 DNA의 특정 영역에서 떨어져 나가는 것만으로는 충분하지 않다. 카타볼라이트 유전자 액티베이터 단백질(CAP)이 DNA의 특정 영역과 결합해야 한다. 리프레서 단백질 혹은 액티베이터 단백질이 버티고 앉아 있는 DNA의 특정 영역을 조절성 DNA 염기서열(regulatory DNA sequence)이라고 한다.

CAP를 조절성 DNA 염기서열과 결합시키는 분자가 '포도당이 없어졌다!'는 정보를 세포 내부로 전하는 전달자, 사이클릭 AMP(cAMP)이다. 대장균은 포도당이라는 가장 기본적인 당이 없어진 사실을 자각하는 순간, 세포 안의 사이클릭 AMP를 늘린다.

세컨드 메신저에서도 이야기했듯이, 사이클릭 AMP는 세포 안으로 퍼져서 다양한 단백질을 활성화하는데, CAP를 활성화하면 CAP는 조절성 DNA 염기서열과 결합하게 된다. 이렇게 하여 대장균은 포도당이 없고 젖당만 있을 때, 젖당 분해효소의 유전자 해독 스위치를 '온'으로 바꾸는 것이다.

대장균의 예에서도 알 수 있듯이, 유전자 해독(유전자 발현) 작업은 정교하게 조절된다. 핵을 가진 진핵세포의 경우, 조절성 DNA 염기서열이 해독을 조절하고 싶은 유전자로부터 멀리 떨어져 여러 개 존재하기 때문에 이야기가 다소 복잡해진다(203쪽 참조). 유전자 1개의 해독을 조절하는 메커니즘이 이제 겨우 그 실체를 드러내기 시작한 단계이다.

[3] 포도당이 떨어지고 젖당만 있을 때

대장균은 맛있는 포도당이 떨어지고 맛없는 젖당만 있다는 사실을 알게 되면 비로소 젖당 분해효소를 만든다. 그 원리는?

정답 : 환경에서 포도당이 없어지면 대장균 안에 있는 사이클릭 AMP라는 물질이 증가해서 카타볼라이트 유전자 액티베이터 단백질(CAP)을 깨운다. 또한 환경에 젖당이 제공되면 젖당 분해효소의 해독을 방해하는 리프레서 단백질이 활동하지 못하기 때문에 젖당 분해효소의 유전자가 해독되는 것이다.

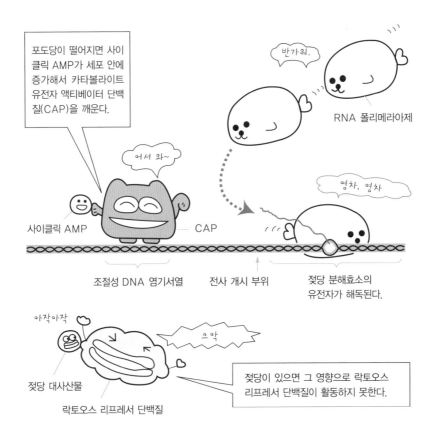

포도당이 떨어지면 사이클릭 AMP가 세포 안에 증가해서 카타볼라이트 유전자 액티베이터 단백질(CAP)을 깨운다.

반가워.

RNA 폴리메라아제

어서 와~

영차, 영차

사이클릭 AMP

CAP

조절성 DNA 염기서열

전사 개시 부위

젖당 분해효소의 유전자가 해독된다.

아작아작

으악

젖당 대사산물

락토오스 리프레서 단백질

젖당이 있으면 그 영향으로 락토오스 리프레서 단백질이 활동하지 못한다.

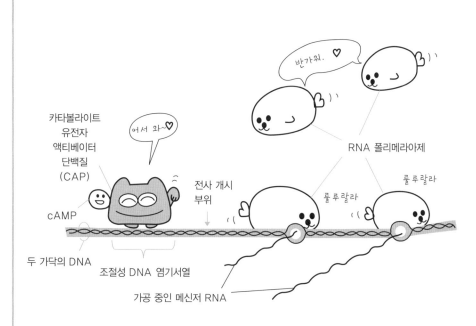

▶ 유전자 조절 영역에 카타볼라이트 유전자 액티베이터 단백질이 버티고 앉으면 유전자가 활발하게 해독된다.

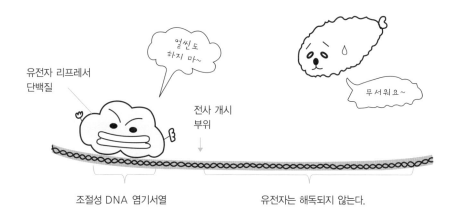

▶ 유전자 리프레서 단백질이 조절성 DNA 염기서열에 버티고 앉으면 유전자는 해독되지 않는다.

●● 신기한 헤모글로빈 유전자

때와 상황에 따라 유전자를 절묘하게 해독하는 사례로 헤모글로빈의 경우를 잠시 살펴보자.

태아는 어머니의 혈액을 타고 흐르는 산소를 태반을 통해 받아들인다. 이때 태아의 혈액세포는 태반이라는 산소가 적은 환경에서도 산소를 훌륭하게 받아들이는 헤모글로빈 ε사슬을 만든다. 이 헤모글로빈 ε사슬은 헤모글로빈 γ사슬이라는 단백질로 대체되고, 출생 즈음에는 헤모글로빈 β사슬로 대체된다. 헤모글로빈 β사슬은 ε사슬과 γ사슬보다 폐에서 얻은 산소를 운반하기에 적합한 단백질이다.

인간의 혈액세포는 그때그때 상황에 맞는 헤모글로빈의 유전자를 해독하고 있는 것이다. 하지만 이 구조는 아직 완벽하게 규명되지 않았다.

더욱이 헤모글로빈의 ε사슬 · γ사슬 · β사슬의 유전자가 염색체상에 나열되는 공간적인 순서는 각각의 헤모글로빈 사슬이 단백질로 만들어지는 시간적인 순서와 일치하는데, 이 수수께끼는 헤모글로빈 유전자의 뉴클레오티드 배열이 해독된 지 10년이 훨씬 지난 지금까지도 여전히 베일 속에 싸여 있다.

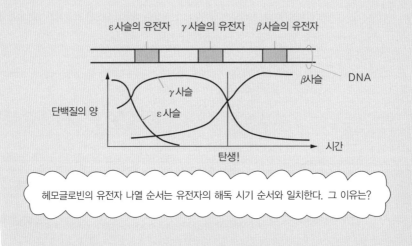

헤모글로빈의 유전자 나열 순서는 유전자의 해독 시기 순서와 일치한다. 그 이유는?

:: **진핵생물의 전사 활성화 모습**

제11막에서는 원핵생물(대장균)을 예로 들어 유전자 해독의 조절 메커니즘을 살펴보았다.

진핵생물의 유전자 해독도 주로 유전자 조절 단백질을 통해 조절되는데, 그 양상은 원핵생물과 비교해 몇 가지 차이점이 있다.

① 원핵생물의 경우 RNA 폴리메라아제(RNA합성효소)의 종류는 하나밖에 없지만, 진핵생물의 경우 적어도 3종류의 RNA 폴리메라아제가 존재한다. 진핵생물에서 메신저 RNA를 합성하는 분자는 RNA 폴리메라아제 II 단백질이다.

② 원핵생물의 RNA 폴리메라아제는 다른 단백질의 도움 없이도 전사할 수 있지만, 진핵생물의 RNA 폴리메라아제(II)는 기본 전사 인자 단백질들의 도움 없이는 유전자를 전사할 수 없다.

③ 원핵생물의 경우 조절성 DNA 염기서열이 전사 개시 부위 근처에 있지만, 진핵생물의 경우 조절성 DNA 염기서열이 전사 개시 부위에서 꽤(수천 뉴클레오티드) 멀리 떨어진 장소에 여러 개 존재하는 경우도 있기 때문에 이야기가 상당히 복잡해진다.

한편 진핵생물의 조절성 DNA 염기서열에서 전사 촉진 부분을 인헨서(enhancer), 전사 억제 부분을 사일런서(silencer)라고 하는데, 이 부분에 결합하는 단백질을 인헨서 단백질, 사일런서 단백질이라고 하는 학자도 있다.

④ 진핵생물의 전사 개시를 조절하는 메커니즘으로, 염색체의 응축 농도를 조절하는 방법이 있다. 진핵세포의 DNA는 히스톤에 감싸여 응축되어 염색체가

된다. 그런데 응축도가 높은 염색체는 전사되기 어렵다.

　DNA 염색체의 응축도와 전사 개시와의 관련성도 이제 막 그 실체가 밝혀지기 시작했을 뿐이다.

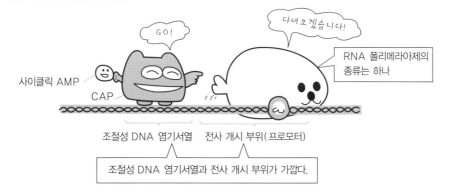

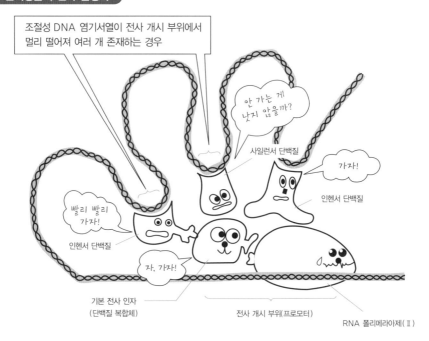

▶ 인헨서 단백질과 사일런서 단백질의 조합에 따라 RNA 폴리메라아제(Ⅱ)가 전사할 것인지 말 것인지를 결정하게 된다.

● ● 세포 종류의 차이는 주로 유전자 해독 방법의 차이로 생긴다.

● ● 유전자 해독을 조절하는 방법 중 '유전자 조절 단백질'에 의한 조절이 있다. 유전자 조절 단백질은 조절성 DNA 염기서열과 결합함으로써 유전자의 해독을 조절한다.

● ● 원핵생물의 유전자 조절 단백질에는 유전자 해독을 '온'상태로 만드는 액티베이터 단백질과 유전자 해독을 '오프' 상태로 만드는 리프레서 단백질이 있다.

● ● 액티베이터 단백질과 리프레서 단백질의 양과 활성이 때와 상황에 따라 변화하면서 유전자 해독이 조절된다.

분장실
인터뷰

유전자 군   미안, 지난번에는 내가 말이 너무 지나쳤어.

단백질 양   뭐가?

유전자 군   이 세상에 살아 있는 모든 존재는 내 신하라고 큰소리쳤잖아.

단백질 양   아하~ 괜찮아! 남자란 자고로 큰소리 뻥뻥 치는 게 보기 좋아. 그리고 유전자 군은 평소에 우리들을 설계하기 위해 아주 열심히 일하고 있잖아.

유전자 군   그렇게 말해 주니 고마워. 하지만 나란 존재는 나 자신을 잘게 찢는 단백질까지도 설계하고 있다고. 완전히 자살골이지.

단백질 양   맞아. 우리 동료인 캐드(CAD)˚를 자극하면 큰일이 나지! 너희들을 간단하게 해치우니까.

유전자 군   사실 나 말이야, 언제 캐드 군에게 갈기갈기 찢겨서 끔찍한 최후를 맞이할지 무척 겁이 난다고.

단백질 양   어머? 오늘은 완전히 풀이 죽었네. 하지만 너희들을 그렇게 갈기갈기 찢어 놓으면 우리도 결국 태어나지 못할 테니까 왠지 복잡한 기분이군.

유전자 군   어떤 학자가 우리 보고 그러더라. '이기적'이라고! 그 얘길 듣고 화가 나서 더 우쭐댄 거지 뭐.

단백질 양	아하, 그래서 일전에 그렇게 큰소리 뻥뻥 쳤구나.
유전자 군	근데 나 자신을 찢는 단백질을 설계하는 나는 도대체 누구지? 난 뭐냔 말이야?
단백질 양	그러게. 이기적인가, 아님 자학적인가? 아이고 나도 모르겠다.

■ CAD(caspase-activated DNase) : 카스파아제(caspase)라는 단백질을 통해 활성화되는 DNA 분해효소. 아포토시스, 즉 세포사 프로그램이 발동하면 최종적으로 CAD가 활성 상태가 된다. 활성 상태의 CAD는 세포 내 DNA를 절단하기 때문에 세포는 최후를 맞이한다.

무서워요. 덜덜덜~

분장실
인터뷰

유전자 군	정말 신기하군. 동그란 알에서 물고기나 병아리 혹은 인간이 탄생한다니 말야.
단백질 양	분명 알 속에는 병아리나 물고기가 들어 있을 거야.
유전자 군	정말? 근데 생달걀 안에는 병아리가 없잖아?!
단백질 양	그러게. 달걀 안에 병아리가 있으면 무서워서 달걀 프라이도 못해 먹겠지? 게다가 알 속의 병아리 몸속에는 다시 달걀이 있고, 그 알 속에는 다시 병아리가 있고…… . 아이고 머리가 지끈지끈하네. 그래 알 속에는 병아리가 없어. 처음부터 다시 생각해 보자.
유전자 군	그럼 알 속에는 도대체 뭐가 들어 있는 걸까?
단백질 양	유전자 군이 있겠지. 하지만 유전자 군만 있으면 아무것도 만들 수 없으니까 유전자 군을 복제하는 단백질들이 필요하겠지.
유전자 군	왠지 묘하게 열 받네.
단백질 양	그리고 나서 유전자 군의 정보를 해독해서 단백질을 만들기 위한 단백질도 당연히 필요할 거고.
유전자 군	알 속의 단백질이란 영양 성분의 단백질만이 아니군!
단백질 양	물론이지. 이제 우리의 진가를 알겠지?

루나 양	으음, 우리 RNA도 잊어서는 안 돼!
단백질 양	아, 미안 미안. 루나가 없으면 우리 단백질은 탄생할 수가 없지. 하지만 RNA 폴리메라아제 단백질이 없으면 루나도 태어날 수 없고. 에고 에고 생각하면 끝이 없다.
루나 양	알 속에는 유전자 군도, 우리 RNA도, RNA 폴리메라아제를 비롯한 단백질 양도 모두모두 들어 있으니까 너무 깊이 생각하지 마.
	유전자 군이 먼저냐, 단백질 양이 먼저냐, 우리 RNA가 먼저냐를 따진다는 건 전혀 의미 없는 일이니까. 그냥 모두 동시에 알 속에 들어 있다고 생각하면 되잖아. 지구에서 가장 오래된 알은 어떤지 잘 모르겠지만 말이야.
유전자 군	그 문제를 생각하면 또 잠을 잘 수가 없겠지.

<hr>

■ 'RNA'를 '루나'라는 애칭으로 부르는 분자생물학자들이 많아서 일본에는 '루나회'라는 모임이 있을 정도이다.

제12막

발생과
분자생물학))))

제11막에서는 세포가 상황에 따라 시시각각 유전자를 해독하는 기본 원리를 살펴보았다.

우리 몸을 구성하는 200종의 세포들은 3만~5만 개의 유전자 가운데 각기 독자적인 유전자를 해독함으로써 세포로서의 개성을 발휘한다.

이들 세포의 시초는 단 하나의 수정란으로, 1개의 수정란이 분열을 거듭하는 동안 개성 만점의 세포들이 탄생하게 된다. 수정란에서 개체가 완성되는 과정을 '발생(development)'이라고 한다. 또 발생이 진행되고 있는 유생물(幼生物)을 '배(胚, embryo)'라고 한다.

발생 과정에서는 어떤 세포가 독자적인 유전자를 해독해서 정보전달물질과 세포 표면 분자를 발현하고, 또 다른 세포가 그 정보에 호응해서 독자적인 유전자를 해독, 새로운 정보전달물질을 만들어 내는 세포와 세포 간의 역동적인 상호작용을 관찰할 수 있다. 그 분자 구조와 관련해서는 지금 한창 연구가 진행 중인데, 여기에서는 그 가운데 일부를 살펴보기로 하자.

제12막 | 발생과 분자생물학

처음에 장(腸)을 만들다

scene **12.1**

발생 이야기를 논할 때 자주 등장하는 단골손님으로 악어, 영원(newt), 초파리, 마우스 등을 꼽을 수 있다. 이들은 각자 독자적인 방식으로 발생하는데, 여기에서는 모든 동물의 발생에 공통적으로 적용되는 기법을 중심으로 알아보고자 한다.

우선 영원의 발생 과정을 살펴보자.

영원은 발생학 초기부터 연구 대상으로 주목을 끈 생물인데, 밭이나 개울가에 서식한다. 집 창가에 들러붙었다가 해충을 잡아먹는 도마뱀붙이와는 다르다.

영원은 발생 과정에서 난할(세포질의 부피는 늘리지 않고 세포분열을 하는 것)을 되풀이하다가 수백 개의 세포들이 바싹 붙으며 안이 텅 빈 공 모양을 취한다. 이와 같은 시기의 유생물을 '포배(胞胚, blastula)'라고 한다. 아직 영원으로서의 생김새는 전혀 갖추어지지 않은 상태이다.

근데 왜 심장이나 뇌가 아니라 장이 먼저 만들어지는 걸까?

글쎄, 나도 잘 모르겠는데.

세포극장 ::: 영원의 발생 드라마

● 발생 과정

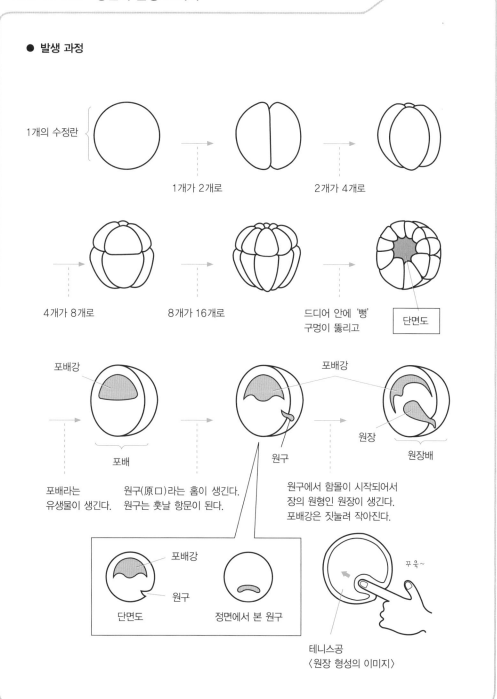

1개의 수정란

1개가 2개로

2개가 4개로

4개가 8개로

8개가 16개로

드디어 안에 '뻥' 구멍이 뚫리고

단면도

포배강

포배

포배라는 유생물이 생긴다.

원구(原口)라는 홈이 생긴다. 원구는 훗날 항문이 된다.

포배강

원구

포배강

원장

원장배

원구에서 함몰이 시작되어서 장의 원형인 원장이 생긴다. 포배강은 짓눌려 작아진다.

포배강

원구

단면도

정면에서 본 원구

꾸욱~

테니스공 〈원장 형성의 이미지〉

드디어 공(포배) 표면의 일부가 옴폭 패이면서 미숙한 장이 생기기 시작한다. 테니스공을 손가락으로 지그시 누르는 장면을 상상해 보기 바란다. 이 과정을 '장의 원형을 만든다'는 의미를 담아서 '원장 형성(原腸形成, gastrulation, 장배 형성 혹은 낭배 형성이라고도 한다)'이라고 한다. 그리고 이 시기의 유생물을 '원장배(原腸胚, gastrula, 장배 혹은 낭배라고도 한다)'라고 한다.

세포가 개성을 띠기 시작하다

12.2
scene

영원이 원장을 만들 즈음 세포들은 활발하게 움직이기 시작한다. 본격적인 몸 만들기 드라마가 펼쳐지는 것이다.

우선 세포들은 3종류의 세포 집단, 즉 겉 표면을 덮는 외배엽(ectoderm), 장의 내면을 덮는 내배엽(endoderm), 그리고 외배엽과 내배엽 사이를 메우는 중배엽(mesoderm)의 세포 집단으로 분화해 나간다.**

여기에서 '엽(葉)'이라는 단어, 혹은 영어로 피부(皮)를 뜻하는 '-derm'이 쓰이는 이유는 세포 집단이 잎이나 피부와 같이 납작한 층을 이루기 때문이다. 특히 외배엽의 이미지는 만두피와 아주 흡사하다.

한편 외배엽의 세포 집단은 최종적으로 피부나 뇌신경이 되어서 외계 정보를 받아들인다. 또 내배엽의 세포 집단은 소화관이나 폐가 되어서 몸의 '안쪽 외계'와 접촉한다. 그리고 중배엽의 세포 집단은 심장과 근육 등 외계와는 닫힌 기관(organ)이 되면서 아울러 피부와 소화관 등을 든든하게 받쳐 주는 결합조직이 되기도 한다.

이와 같은 마법의 과정은 다양한 세포가 서로 영향을 끼치면서 때와 상황에 따라 적절한 유전자를 발현함으로써 완성되는 드라마이다.

그럼 지금부터 그 드라마를 살짝 감상해 보자.

**
혈액세포는 중배엽성 세포에서 분화한다.

나도 만두 무지 좋아하는데…….

포배강

원장

A

외배엽

중배엽

내배엽

원구

원구에 함몰이 생기면서 원장이 생긴다. 이때 포배강은 짓눌려서 작아진다.

드디어 배세포는 외배엽·중배엽·내배엽의 세포 집단으로 분화해 나간다.

외배엽

원장

중배엽

A 면에서 자른 단면

내배엽

장관

외배엽

피부나 뇌신경이 된다.

중배엽

근육이나 심장·신장이 된다.

중배엽은 아래쪽으로 몰려들고 내배엽은 위쪽 방향으로 몰려들면서 몸의 3층 구조가 완성된다.

내배엽

소화관·간장·기관·폐가 된다.

A

불가사의한 입술, 원구배순

12.3

영원의 발생 과정 가운데, 안이 텅 빈 공같이 생긴 포배 표면이 옴폭 들어가면서 장의 원형, 즉 원장(原腸)이 생기는 장면이 있다. 이 홈을 '원구(原口, blastopore)'라고 한다. 원구라고는 해도 그 '입'은 장차 항문이 될 부분이다. 그런데 그 입에는 예쁜 입술이 있어서 윗입술을 '원구상순부(原口上脣部)' 또는 '원구배순부(原口背脣部)'라고 한다.

이 요염한 입술의 초능력을 발견한 학자가 있었다. 독일의 발생학자인 한스 슈페만(Hans Spemann, 1869~1941)과 힐데 만골트(Hilde Mangold, 1898~1924)가 그 주인공들이다. 두 사람은 영원의 배(胚)를 인간 신생아의 머리카락으로 묶거나 배세포 일부를 다른 영원의 배에 이식해서 발생 메커니즘을 자세히 연구했다. 어느 날 만골트는 영원의 원구배순부를 떼어 내서 다른 영원의 포배에 이식해 보았다. 그러자 놀랍게도 원구배순부의 세포들을 이식한 장소에서 뇌와 눈이 만들어져, 결과적으로 머리통이 2개나 생겼다(1921년).

제2의 머리는 이식한 원구배순부 세포에서 만들어진 것이 아니었다. 이식한 세포들이 주위 세포들에 영향을 끼쳐서 머리 구조를 만들게 한 것이다. 슈페만은 이 현상을 물리학의 전자 유도에 비유해 '유도(誘導, induction)'라고 명명했다. 그리고 원구배순부 세포와 같이 주위에 있는 세포에 영향을 끼쳐 특정 기관(organ)을 만들게 하는 부분을 '형성체(organizer)'라고 불렀다.

1924년, 슈페만과 만골트는 이 유도 현상을 전세계에 발표함으로써 생물학 역사에 한 획을 그었다. 하지만 두 사람의 논문이 발표되기 직전, 만골트는 26살 꽃다운 나이에 어린 자식을 남겨 둔 채 불의의 사고로 그만 요절하고 말았다.

● 원구배순부의 위치

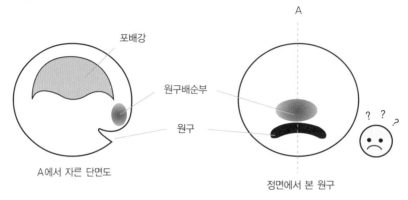

포배강

원구배순부

원구

A에서 자른 단면도

정면에서 본 원구

● 원구배순부는 외배엽을 유도해서 머리를 만들게끔 이끈다

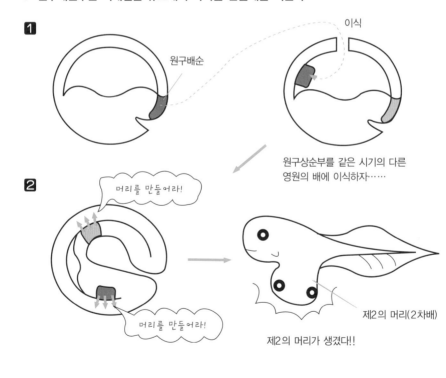

1

원구배순

이식

원구상순부를 같은 시기의 다른
영원의 배에 이식하자……

2

머리를 만들어라!

머리를 만들어라!

제2의 머리(2차배)

제2의 머리가 생겼다!!

안배(眼杯)라는 마법의 술잔 - 유도의 연쇄반응

12.4

scene

영원의 원구배순부 세포들이 형성체로서 다른 세포에 영향을 끼쳐서 뇌와 눈과 같은 기관을 만드는 유도 현상을 좀 더 자세히 알아보자.

원래 원구배순부에 있던 세포들은 배(胚) 안으로 잠입해서 외배엽 세포들에 작용하여 신경관(neural tube)이라는 구조물을 만든다. 이때 신경관은 양끝이 막힌 꼬치같이 생긴 구조물로, 앞쪽은 부풀어서 뇌가 되고 뒤쪽은 척수가 된다.

그리고 좌우 양쪽 뇌에는 안포(眼胞)가 각각 하나씩 부풀어 오른다. 안포는 눈을 형성하는 바탕 구조물이다. 안포는 뇌 바깥쪽을 향해 쭉쭉 뻗어 나가다가 배(胚)의 표면을 보호하는 표피와 닿는다. 이때 안포 끝은 술잔 모양의 안배(眼杯)라는 구조물로 변신한다. 안배 세포는 배(胚)의 표면을 보호하는 표피 세포에 작용해 특정 유전자를 발현시키고 '수정체'라는 투명한 렌즈를 만들게 한다. 그리고 이후에는 수정체 세포가 표피 세포에 작용해서 역시 특정 유전자를 발현시켜 각막을 만들게끔 이끈다. 안배 자신은 망막이 되어 눈을 완성한다.

눈의 경우에서 살펴본 것처럼, 발생 과정에서 기관의 형성은 하나의 사건이 일어나면 그 다음 사건이 잇달아 발생하고, 그 사건이 또 그 다음 사건을 불러오는 식으로 역동적으로 전개된다.

● 안배라는 마법의 술잔

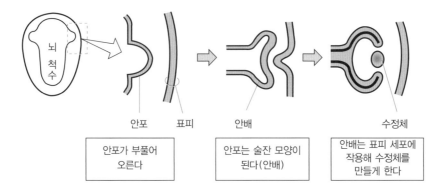

안포	표피	안배	수정체
안포가 부풀어 오른다		안포는 술잔 모양이 된다(안배)	안배는 표피 세포에 작용해 수정체를 만들게 한다

● 역동적인 유도의 연쇄반응

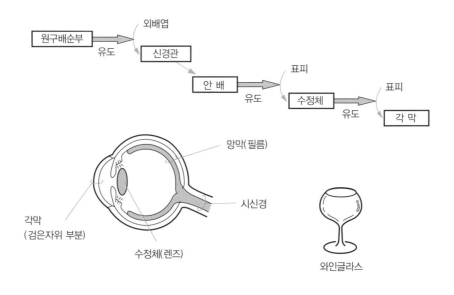

형성체의 실체는?

12.5

영원의 발생 드라마 가운데 원구배순부라는 신기한 세포 집단이 형성체로 활동하는 모습을 살펴보았다.

이 세포들은 발생 과정에서 이동하면서 중배엽 세포 집단의 일부가 되고, 다시 이동을 거듭하면서 배(胚)의 표면을 덮는 외배엽 세포에 안쪽에서부터 접근한다. 그러면 외배엽 세포들은 뇌척수의 전신(신경관)으로 변신한다. 도대체 원구배순부 세포들은 어떻게 외배엽 세포들을 신경관으로 변신하게 만드는 것일까? 그 분자적 구조와 관련해서는 아직 밝혀진 바가 거의 없다.

한편 발생학의 연구 대상은 영원에서 아프리카발톱개구리(African clawed frogs)로 세대교체가 이루어졌다. 이는 아프리카발톱개구리 쪽이 영원보다 연구실에서 쉽게 기를 수 있다는 이점 때문이다. 영원이나 개구리는 기본 발생 구조는 서로 비슷하지만 영원의 원구배순부 미스터리는 여전히 수수께끼로 남아 있다.

아무튼 아프리카발톱개구리의 발생에서는 '내배엽이 외배엽에 작용해서 중배엽을 만들어 내는' 현상이 널리 알려져 있다. 이를 '중배엽 유도(mesoderm induction)'라고 한다. 내배엽은 미숙한 장(원장)을 덮는 세포 집단이었는데, 내배엽 세포가 형성체가 되어 외배엽 세포에 작용, 중배엽으로 변신하게 만든 것이다. 이 아프리카발톱개구리의 중배엽 유도 현상과 관련된 화학물질은 '액티빈(activin)'이라는 호르몬 유사물질로, 1989년 아사지마 마코토(淺島誠) 박사에 의해 발견되었다.

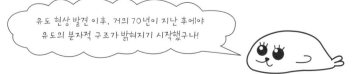

유도 현상 발견 이후, 거의 70년이 지난 후에야 유도의 분자적 구조가 밝혀지기 시작했구나!

'과정'의 생물학

scene / **12.6**

중배엽의 유도에는 호르몬 유사물질인 액티빈이 관여한다.

어떤 세포에서 액티빈과 같은 정보전달물질이 생기면, 혈류로 흘러가지 않는 한 그 물질은 발신원 세포에서 천천히 확산되어 나간다. 이때 그 정보전달물질의 농도는 발신원 세포에서 멀어질수록 엷어진다. 달리 말하면 세포는 정보전달물질의 농도가 진한 장소와 농도가 연한 장소를 만들어 낸다(농도 기울기).

그러면 진한 정보전달물질을 받은 세포와 연한 정보전달물질을 받은 세포는 처음에는 서로 유사한 세포였다 해도 이후 반응이 달라질 수 있다. 즉 세포는 주위에 있는 정보전달물질의 농도에 따라 다른 반응을 나타낼 수 있다는 것이다.

어떤 물질의 농도 차를 만드는 것은 세포 외부만이 아니다. 수프에서도 위에 뜨는 재료와 가라앉는 재료가 있듯이, 세포 내부의 물질을 불균등하게 분포시킨 후 불균등한 상태에서 해당 세포가 2개로 분열하면 2종류의 세포가 생긴다(부등 분열). 세포 내부를 불균등하게 만드는 요인은 무게나 온도 혹은 이웃에 접착한 세포의 영향에서 비롯된다.

발생 과정에서 세포와 세포는 어떤 상호 작용을 통해 독자적인 유전자를 해독할까?

이 문제의 실마리를 찾기 위한 연구가 이제 막을 올리기 시작했다. 액티빈과 같은 정보전달물질의 농도(농도 기울기)를 양산하는 세포가 있다면 그 농도에 호응해서 각각 다른 유전자를 발현, 특수화하는 세포들도 있다. 그리고 새롭게 탄생한 특수화 세포들은 새로운 정보전달물질의 농도를 양산한다. 이와 같은 역동적인 과정이 하나씩 베일을 벗음으로써 생명 현상에 대한 이해도 한층 더 깊어질 것이다.

유전자 군   혹시 그거 알아? 파리 날개에서 눈이 생겼다는 거!

단백질 양   에이 설마, 무슨 괴기 영화 같다.

유전자 군   잘 들어 봐. 시큼한 과일을 좋아하는 초파리는 돌연변이를 일으키면 눈이 없어지는 '아일리스' 유전자를 갖고 있대.

단백질 양   아이스? 참 불쌍한 파리네.

유전자 군   거참 아이스가 아니고 '아일리스(eyeless)'라고. 그런데 게링 (Walter J. Gehring, 1939~)이라는 스위스의 학자가 정상 아일리스 유전자를 초파리 유충의 장차 촉각과 날개가 될 부분에서 억지로 읽게 했대. ▪

단백질 양   왜 그런 몹쓸 짓을? 완전 동물 학대다!

유전자 군   에이 참, 그건 말이지 아일리스 유전자의 기능을 알아보기 위해서야.

단백질 양   그래서 어떻게 됐는데?

유전자 군   그 유충은 촉각 혹은 날개에 눈이 달린 성충으로 자랐어. 그렇게 해서 아일리스 유전자는 눈을 만드는 총감독 유전자라는 사실이 밝혀진 거지.

단백질 양   근데 말이야, 아일리스 유전자 군이 눈을 만든 게 아니라, 아일리스 유전자 군에서 해독된 아일리스 단백질 양이 눈을 만든 게 아닐까?

유전자 군   변함없이 열 받게 하는군······.

■ 스위스 바젤 대학교의 게링 교수 연구팀은 정상 아일리스 유전자를 초파리 유충의 성충 원기(原基, 장차 성충의 다리나 촉각, 날개가 될 부분)에서 강제적으로 발현시켰다. 그러자 그 유충은 앞다리와 촉각, 날개에 눈이 달린 괴물 성충으로 자랐다.
초파리의 눈은 2500종 이상의 유전자가 단계적으로 발현함으로써 생기는데, 이들 유전자의 발현을 촉발하는 담당 유전자가 아일리스 유전자이다. 아일리스 유전자처럼 수많은 유전자의 발현을 조절하는 유전자를 '마스터 조절 유전자(master regulatory gene)'라고 하며 마스터 조절 유전자가 코드하는 단백질을 '마스터 유전자 조절 단백질(master gene regulatory protein)'이라고 한다.

:: 마스터 유전자 조절 단백질

　인체 각 부분의 세포들은 각기 다른 단백질을 만든다.　예를 들면 근육을 만드
는 단백질과 눈을 만드는 단백질은 그 종류가 다르다.　또 단백질의 성분은 같아
도 우리 손과 발의 모양은 전혀 다르다.
　인체 각 부분의 세포는 독자적인 유전자를 각기 적절한 장소에서 정확한 순서

● **마스터 유전자 조절 단백질이란?**

마스터 조절 유전자

에헴~

해독

마스터 유전자 조절 단백질

STOP

유전자 B의 해독　OFF

GO!

GO!

유전자 A의 해독　ON

유전자 C의 해독　ON

▶ '마스터 유전자 조절 단백질'은 다양한 유전자 해독을 ON 상태로 켜거나, 반대로 OFF 상태로 끄는
단백질이다.

로 해독함으로써 만들어진다. 이들 유전자의 해독은 '마스터 유전자 조절 단백질'에 따라 조절된다. 여기에서 '마스터(master)'란 '주인, 지배인'이라는 뜻인데, 마스터 유전자 조절 단백질도 다양한 유전자의 해독을 모아서 조절하는 우두머리 단백질을 일컫는다.

예를 들면 앞서 소개한 아일리스 단백질은 2500종 이상의 유전자 해독을 조절해서 초파리의 눈을 만드는 마스터 유전자 조절 단백질이다. 아일리스 단백질의 유전자에 이상이 생긴 초파리의 경우, 눈을 이루는 구성 성분 단백질의 유전자가 정상이라도 정상적인 눈을 만들지 못한다.

신체 부위를 만드는 '혹스 단백질'의 수수께끼

인체 부위를 형성하는 마스터 유전자 조절 단백질의 또 다른 사례로 '혹스(Hox, 호메오박스를 줄여서 혹스라고 한다) 단백질'을 들 수 있다. 어떤 혹스 단백질은 손을 만들고 또 다른 혹스 단백질은 다리를 만든다. 즉 각각의 혹스 단백질이 각각의 마디 구조 형성을 제어하는 것이다.

아일리스 단백질이나 혹스 단백질처럼 한정된 종류의 단백질이 눈이나 손발과 같은 큰 구조물을 만든다는 사실도 경이롭지만, 몸의 각 부위를 만드는 혹스 단백질들의 유전자 나열 순서가 신체 전후(前後) 축의 순서와 일치한다는 사실은 더욱 놀랍다.

즉 머리·앞다리·몸통·뒷다리를 담당하는 각각의 혹스 단백질의 유전자(혹스 유전자)는 같은 염색체상에 머리·앞다리·몸통·뒷다리의 순서로 나열되어 있다. 앞에서 소개한 헤모글로빈의 ε사슬·γ사슬·β사슬 유전자도 그렇고(202쪽 참조), 혹스 단백질들의 유전자도 분명 어떤 필연성에 따라 그 순서가 일치할 것이다. 이는 놀라움을 넘어 아름답기까지 한 생명의 신비가 아닐까!

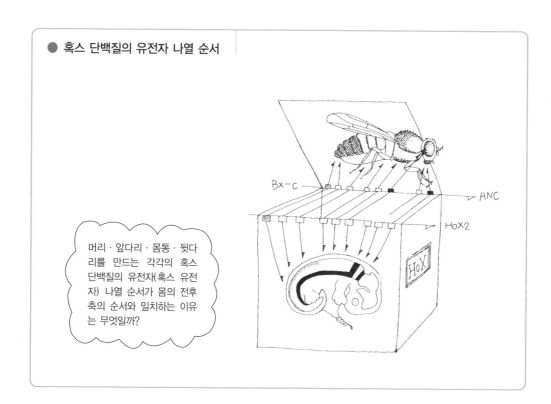

머리 · 앞다리 · 몸통 · 뒷다리를 만드는 각각의 혹스 단백질의 유전자(혹스 유전자) 나열 순서가 몸의 전후 축의 순서와 일치하는 이유는 무엇일까?

제13막

유전자 분자생물학과 의료))))

최근 '○○병 유전자가 발견되었다! 이 발견으로 ○○병의 유전자 진단과 유전자 치료가 가능해질 것'이라는 보도가 텔레비전 화면을 화려하게 장식하곤 한다. 반면에 '앞으로 유전자 진단을 통해 질병을 예측하게 되면 생명보험에 가입할 때나 취업할 때 불이익을 당하지 않을까?' 하는 웃지 못할 논쟁을 접할 때도 있다.

또 '환자 개개인의 유전 정보에 기초한 맞춤 의료가 조만간 실현될 것'이라는 기대가 모아지는 가운데, '과연 누가 유전 정보를 관리할 것인가?', '유전 정보가 기재된 진료 기록을 노출해도 될까?', '전자 진료 기록이 일반화되고 있는 요즘, 유전 정보를 확실하게 보호할 수 있을까?', '유전 정보의 오류와 누락은 발생하지 않을까?' 등등의 문제점이 가시화되고 있다.

우리는 최첨단 의료에 지나친 기대를 가져서도 안 되고, 그렇다고 지나치게 예민한 반응을 보일 필요도 없다. 제13막에서는 유전자 분자생물학과 의료와의 접점을 냉철하게 생각해 보기 위한 기반 지식을 알아보자.

유전병이란?

scene **13.1**

✽✽
미토콘드리아에도 유전자가 존재하는데, 그 유전자 변이에 따른 질병을 '미토콘드리아 유전병'이라고 한다. 수정란에는 정자에서 유래하는 미토콘드리아 DNA는 전해지지 않으므로, 모계에서 유래하는 미토콘드리아 DNA의 영향만 받는다(모계 유전).

모든 질병은 유전 요인과 환경 요인이 서로 복잡하게 얽혀 발병한다.

외상의 경우 자신의 부주의나 고의로 상처를 내는 경우를 제외하면 대개가 환경적인 요인에서 비롯된다. 이에 반해 유전적인 요인이 발병에 어떤 형태로든 영향을 끼치는 질환이 있는데, 이를 넓은 의미의 '유전병'이라고 한다.

넓은 의미의 유전병은 ① 단일 유전자 변이의 전달에 기인한 질환(좁은 의미의 유전병 : 단일 유전자 질환), ② 복수의 유전자와 복수의 환경 요인이 얽힌 질환(다인자 질환), ③ 염색체 이상의 전달에 기인한 질환으로 크게 나눌 수 있다.✽✽

단일 유전자 질환

오래 전부터 유전병으로 알려진 좁은 의미의 유전병은 부모로부터 물려받은 특정 유전자 변이의 영향을 강하게 받는 질환으로, 단일 유전자 질환이라고 한다. 단일 유전자 질환이란 '단일 유전자 변이의 영향을 강하게 받는 질환'이라는 뜻이다.

이 단일 유전자 질환의 예로 겸상 적혈구증이 심심찮게 거론된다. 이 질병은 헤모글로빈 유전자의 특정 부분(딱 하나의 뉴클레오티드)이 변화(변이)해서 특이한 모양의 헤모글로빈이 만들어지는 병이다. 그 결과 적혈구 모양이 '낫' 혹은 '초승달'처럼 변한다. 겸상 적혈구증의 적혈구는 수명이 짧기 때문에 환자는 빈혈에 쉽게 노출된다. 또 낫 모양의 적혈구, 즉 겸상(鎌狀) 적혈구는 모세혈관을 통과하기 어려워서 모세혈관이 막히기 쉽다.

또 하나의 사례로 페닐케톤뇨증이라는 질병이 있다. 이 질환은 페닐알라닌을 티로신으로 바꾸는 효소가 유전자 변이로 활동하지 못하는 질환이다(선천성 대사 이상 질환). 이 병에 걸리면 페닐알라닌이 체내에 축적됨으로써 성장과 함께 지적 장애를 초래한다. 하지만 조기에 발견해 생후 1개월 이내에 치료하면 뇌 손상을 예방할 수 있는데, 페닐알라닌의 양을 조절하는 식이요법은 소아 청소년기 이후 에도 지속적으로 시행해야 한다.

이들 질병의 경우 변이 유전자가 생식세포를 통해 자손에게 전해지면 해당 질 병이 자손에게 유전되는 것이다.

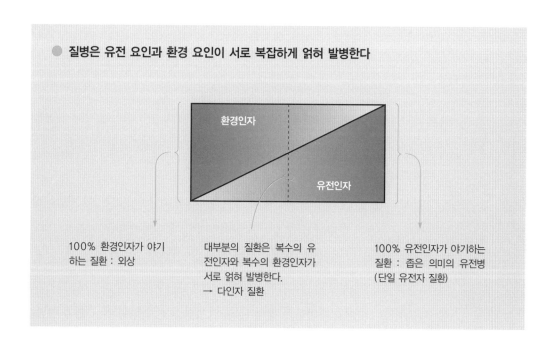

● 질병은 유전 요인과 환경 요인이 서로 복잡하게 얽혀 발병한다

환경인자

유전인자

100% 환경인자가 야기 하는 질환 : 외상

대부분의 질환은 복수의 유 전인자와 복수의 환경인자가 서로 얽혀 발병한다. → 다인자 질환

100% 유전인자가 야기하는 질환 : 좁은 의미의 유전병 (단일 유전자 질환)

유전 요인과 환경 요인이 얽히고설킨 다인자 질환

scene **13.2**

단일 유전자 질환은 단일 유전자 변화가 질병을 초래하는데, 복수의 유전인자와 복수의 환경인자가 서로 얽히고설킨 다인자 질환의 경우는 어떨까?

유전자 다형

인간의 DNA에서는 빈번한 유전자 변화를 볼 수 있는데, 염색체상 동일 부위지만 다른 뉴클레오티드 배열이 생기는 경우가 있다. 어떤 뉴클레오티드의 변화가 100명 중 1명 이상의 빈도로 나타나고 기능적으로 큰 차이를 보이지 않는 경우, 이 DNA의 차이를 '유전자 다형(DNA 다형 : genetic polymorphism)'[1]이라고 한다. 또한 1뉴클레오티드의 차이, 즉 단 하나의 염기 변이에 따른 다형을 'SNP(single nucleotide polymorphism, 단일 염기 다형성)'라고 하며 흔히 '스닙'이라고 한다. [2]

기능적으로는 큰 차이가 없다고 해도 단백질의 모양이나 양을 지극히 미미하게 변화시키는 유전자 다형이 많이 쌓이면 질병의 발병에 어떤 영향을 미칠 수 있다고 추정하고 있다. 이와 같은 유전자 다형을 '질환 감수성 유전자 다형' 혹은 줄여서 '질환 감수성 유전자'라고 한다(질병의 '원인 유전자'로 단정 짓지 않는다는 사실에 주목하자). 나아가 다양한 질병의 '질환 감수성 유전자 다형'을 규명할 수 있다면 질병의 이해와 진단 치료에 도움을 줄 것이라는 기대감 속에 현재 국제적 규모로 연구가 진행 중이다.

예를 들면 어떤 유전자 다형에 착안해서 〈표 1〉과 같은 결과를 도출했다고 가정하자. 이 경우처럼 주목하고 있는 다형을 가진 사람의 비율이 환자 집단에서는 높고, 반대로 비(非)환자 집단에서는 낮은 경우(통계학적으로 유의차가 있는 경우), 주목하고 있는 다형을 고혈압의 감수성 유전자 다형이라고 판단한다.

반대로 〈표 2〉와 같이 주목하고 있는 다형을 가진 사람의 비율이 환자 집단과 비환자 집단에서 차이를 보이지 않을 때는 주목하고 있는 다형이 고혈압의 감수성 유전자 다형이 아니라고 판단한다.

표 1	고혈압 환자 100명 가운데	정상인 100명 가운데
주목하는 다형이 있는 사람	80명	30명
주목하는 다형이 없는 사람	20명	70명

표 2	고혈압 환자 100명 가운데	정상인 100명 가운데
주목하는 다형이 있는 사람	10명	10명
주목하는 다형이 없는 사람	90명	90명

[1] '유전자 다형'이란 본문에서도 정의 내렸듯이 일종의 유전자 변이를 지칭하는 것으로, 단순히 '유전자 다형'이라고 표현한 경우에는 하나하나의 유형을 지칭한다. 또한 '어떤 다형은 어떤 질환과 관련이 있다'고 완곡하게 표현한다.

[2] 뉴클레오티드 배열 차이가 단백질의 아미노산 배열과 발현 양에 영향을 미치지 않는 경우도 있는데, 이를 '잠재성 돌연변이(silent mutation)'라고 한다(164쪽 참조).

다인자 질환

단일 유전자 질환의 경우 원인이 되는 유전자 변이가 세포가 만드는 단백질의 모양과 양에 크게 영향을 끼쳐서 신체 기능을 교란시킨다. 즉 원인이 되는 유전자 변이가 있느냐 없느냐가 질병 여부를 결정짓는다고 말할 수 있다.

하지만 우리가 흔히 접하는 질병(common disease)은 복수의 유전인자와 복수의 환경인자가 서로 얽혀 발병에 이르는 '다인자 질환'이 대부분이다. 다인자 질환의 경우 질환 감수성 유전자를 갖고 있느냐, 갖고 있지 않느냐의 문제는 발병에 관여하는 가능성 인자 가운데 하나를 갖고 있느냐, 갖고 있지 않느냐에 불과하다.

당뇨병이나 고혈압증으로 대표되는 생활습관병도 다인자 질환이라고 볼 수 있다. 요컨대 질환 감수성 유전자를 몇 가지, 어떤 조합으로 갖고 있느냐 하는 복수의 유전 요인과 식사나 운동 등의 생활습관과 관련된 환경 요인이 발병에 크게 영향을 미치고 있는 것이다.

고혈압이나 류머티즘은 유전될까?

필자가 담당하는 관절 류머티즘과 교원병의 진료 현장에서 종종 "혹시 류머티즘이나 교원병도 유전되나요?"라는 질문을 받는다. 이는 관절 류머티즘이나 교원병 환자의 경우 여성 환자가 많아서 자신의 병이 아이에게 전해지지 않을까 하는 불안감에서 비롯된 것 같다.

그렇다면 이 질문에 어떻게 대답하는 것이 가장 적절한 대답일까?

류머티즘은 단일 유전자 변이를 원인으로 하는 단일 유전자 질환이 아니다. 그렇다고 질병에 걸리기 쉬운 유전인자, 환경인자와의 관련도 정확하게 밝혀지지 않아서 딱 잘라 말하기가 참으로 어렵다.

그래서 이렇게 대답한다.

"관절 류머티즘 환자가 전체 인구 가운데 차지하는 비율(집단 내 발병률)은 1% 이내라고 봅니다. 한편 가족 중에 류머티즘 환자가 있는 사람들을 한데 모아서, 그 사람들 가운데 류머티즘 환자를 세어 보면(가계 내 발병률) 대략 8%라고 합니다. 1%와 8%의 통계 수치 차이는 있겠지만, 가족 가운데 류머티즘 환자가 있는 사람들의 92%가 류머티즘에 걸리지 않는다는 사실은 실제로 유전될 우려가 없다는 뜻이겠지요."

실제로 부모와 자녀가 나란히 류머티즘에 걸리는 사례는 극히 드물다. 설령 류머티즘 발병에 관여할 수 있는 유전자 변이 가운데 하나(질환 감수성 유전자 다형)가 자녀에게 전해졌다고 해도 그 변이 유전자 하나 때문에 류머티즘이 발병하지는 않는다.

류머티즘도 복수의 유전 요인과 복수의 환경 요인이 서로 상호 작용을 통해 발병에 이르는 다인자 질환인 것이다.

● 류머티즘은 유전될까?

전체 인구

류머티즘 환자(집단 내 발병률 1% 이내)

가족 중에 류머티즘 환자가 있는 사람

류머티즘 환자(가계 내 발병률 약 8%)

고혈압 유전자는 정말 '발견'된 것일까?

scene / **13.3**

'고혈압 유전자가 발견되었다! 고혈압, 당뇨병도 유전자 치료로 고치는 시대가 도래했다'는 보도가 있었다. 하지만 이는 고혈압의 '원인 유전자'가 발견된 것이 아니라, 고혈압 발병에 관여할 수 있는 '질환 감수성 유전자 다형' 가운데 하나를 발견했다는 사실에 불과하다. 물론 하나의 질환 감수성 유전자 다형을 찾아내려면 엄청난 노력과 시간이 필요하다.

앞서 〈표 1〉에서 주목하는 유전자 다형을 갖고 있어도 고혈압이 아닌 사람과 반대로 주목하는 유전자 다형을 갖고 있지 않아도 고혈압 환자가 있다는 사실에 주목하자. 하나의 질환 감수성 유전자 다형을 갖고 있어도 고혈압 환자가 되지 않는 경우는 다음 페이지의 그림에서 알 수 있다.

한편 주목하는 유전자 다형을 갖고 있지 않아도 고혈압 환자가 되는 경우는 다른 복수의 질환 감수성 유전자 다형이 관여하고 있음을 의미한다.

따라서 질환 감수성 유전자 다형 가운데 1개 혹은 2개를 진단했다고 해서 '당신은 앞으로 ○○병에 걸릴 가능성이 있습니다'라고는 절대 말할 수 없다. 물론 유전자 치료도 아직 멀었다. 유전병의 '원인 유전자'와 다인자 질환의 '질환 감수성 유전자 다형'을 엄밀하게 구별해서 생각해야 한다.

유전자와 질병의 관련성은 그렇게 단순하지가 않구나!

그러게 말이야.

세포극장 ::: 질환 감수성 유전자 다형을 1개 가졌다고 해서
질병으로 직결되지는 않는다

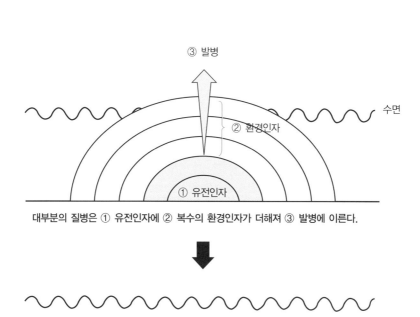

대부분의 질병은 ① 유전인자에 ② 복수의 환경인자가 더해져 ③ 발병에 이른다.

유전인자란 복수의 '질환 감수성 유전자 다형'이라고 추정되고 있다.
그 숫자는 30개에서 50개 정도로 추산되고 있다.

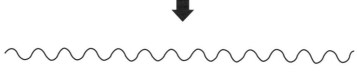

질환 감수성 유전자 다형 가운데 1개 혹은 2개를 가졌다고 해서
'당신은 앞으로 ○○병에 걸릴 확률이 높습니다'라고 단정 지을 수 없다.

질환 감수성 유전자 다형이 없어도 병에 걸리는 경우

scene / **13.4**

　고혈압 등의 생활습관병처럼 흔히 접할 수 있는 질환은 단일 유전자 변이로는 발병하지 않는 다인자 질환임을 거듭 강조했다.

　당뇨병 발병에 관여할 수 있는 '질환 감수성 유전자 다형'도 수십 개가 넘는다고 한다. 하지만 그 모든 유전자 다형을 삿고 있지 않아도 당뇨병에 걸리는 성우가 있다. 이는 어떤 경우일까?

　정답 : 설탕이 듬뿍 든 달콤한 주스를 매일 1리터 이상 마시고 혈당을 낮추는 인슐린을 고갈시키면 당뇨병에 걸린다. 유전인자를 전혀 갖고 있지 않아도 환경인자(주스)만으로 질병에 걸릴 수 있는 것이다.

　현재 다인자 질환의 감수성 유전자 다형 연구가 국제적으로 이루어지고 있다. 하지만 질환 감수성 유전자 다형 연구와 마찬가지로 주안점을 두어야 할 것은 환경인자가 무엇인가를 규명하는 일이다.

　대부분의 질병은 복수의 유전인자와 복수의 환경인자가 얽히고설켜 발병에 이른다는 견해가 일반적인 이상, 유전인자뿐 아니라 환경인자 관련 연구도 활발하게 추진하는 작업이 시급하다.

● 질환 감수성 유전자 다형을 갖고 있지 않아도 질병에 걸릴 수 있다?

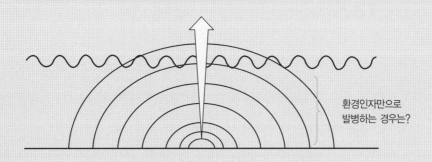

환경인자만으로
발병하는 경우는?

'유전자 진단'과 '다형 진단'

scene / **13.5**

'유전자 진단'(254쪽 참조)이라고 하면 미래의 운명이나 타고난 소질을 진단해 주는 절대 불변의 이미지가 떠오른다. 하지만 고혈압과 같은 다인자 질환의 유전자 진단이란 '질환 감수성 유전자 다형'의 유무를 검사하는 것으로, 검사가 의미하는 바는 다음과 같다.

"지금 당신이 걸어가는 길 한가운데 중간 크기의 구멍이 있습니다(당신은 50개의 '질환 감수성 유전자 다형' 가운데 15개를 갖고 있습니다). 만약 그대로 걸어가다가는(현재의 생활습관을 고수한다면) 구멍에 빠질(발병할) 확률이 높으니 방향을 바꿔서 조심해서 걸어가 주십시오."

유전병의 '원인 유전자'와 다인자 질환의 '질환 감수성 유전자 다형'은 엄격하게 구분해야 한다는 얘기를 했다. 마찬가지로 '유전자 진단'이라는 단어를 쓸 때도 유전병의 유전자 진단과 다인자 질환의 유전자 진단을 구별해야 한다. 같은 맥락에서 다인자 질환의 유전자 진단은 '다형 진단'이라고 부르는 쪽이 일반인들의 오해를 줄일 수 있다고 생각한다.

더욱이 "당신은 50개의 질환 감수성 유전자 다형 가운데 15개를 갖고 있습니다"라는 진단을 내리면서 어떤 식으로 생활습관을 고치면 발병을 방지할 수 있는가 구체적으로 조언하지 못한다면 이 진단은 전혀 의미가 없다. 다음과 같은 보다 구체적인 조언이 필요하다.

"50개의 질환 감수성 유전자 다형 가운데 당신은 3개만 갖고 있기 때문에 체질

적으로 발병할 확률은 그다지 높지 않습니다. 하지만 지금과 같이 불규칙한 생활
은 발병 위험을 높이기 때문에 주의하셔야 합니다."

"50개의 질환 감수성 유전자 다형 가운데 당신은 30개를 갖고 있기 때문에 체
질적으로 발병 확률이 높습니다. 하지만 생활습관을 다음과 같이 주의하면 발병
위험은 훨씬 낮아집니다. 그러면……."

이처럼 환자에게 실질적으로 도움이 되는 진단과 조언을 할 수 있으려면 아직
갈 길이 멀다. 하물며 단 1개의 질환 감수성 유전자 다형의 유무로 '당신은 이 질
병에 걸리기 쉽다'고 단정 짓거나 '생명보험에 가입할 때나 취업할 때 차등을 둔
다'는 논쟁은 지금 단계에서는 전혀 의미가 없다.

질환 감수성 유전자 다형과 관련해서는 현재 많은 학자들이 심혈을 기울이며
연구에 매진하고 있다. 하지만 그 실체는 여전히 베일 속에 가려져 있을 뿐 아니
라, 유전자 다형의 인종 차이 문제도 염두에 두어야 한다. 즉 동양인의 유전자 다
형과 서양인의 유전자 다형이 반드시 일치하지는 않는다는 뜻이다.

또한 발병에 관여하는 환경 요인의 경우 밝혀진 바가 거의 없어서 연구해야 할
대상은 산더미 같다.

'다형 진단'이라는 말,
들어 본 적 있니?

일반적으로 흔히 쓰이는 말은 아니지만
'유전자 진단'이라는 말도
정확한 건 아니라고 할 수 있지.

'맞춤 의료'란?

scene **13.6**

유전자에는 개인차가 있다는 연구 결과를 토대로, 환자의 유전자 정보에 기초한 '맞춤 의료' 개념이 최근 등장했다. 진료실을 찾은 환자 한 사람 한 사람을 위해 약의 종류와 복용량을 조율하는 일은 의료의 기본이지만, 여기에서 한걸음 더 나아가 환자의 유전자 특성을 고려해 약의 종류와 복용량을 결정하자는 취지가 '개별화 의료(이른바 맞춤 의료)'가 지향하는 바이다.

DNA 유형을 조사해서 치료제를 결정한다면?

우리가 복용하는 약의 효험 정도나 부작용의 유무에는 사람마다 차이가 있다. 즉 같은 약을 똑같이 복용해도 어떤 사람은 부작용이 생기고 어떤 사람은 부작용이 생기지 않는다. 이런 개인차의 원인 가운데 하나로 유전적인 요소가 고려되고 있으며 현재 다양한 연구가 추진되고 있다.

즉 약효가 뛰어난(혹은 미미한) DNA 유형과 부작용이 발생하기 쉬운(발생하기 어려운) DNA 유형을 밝힐 수 있다면, 환자의 DNA 유형에 따라 부작용이 적은 적절한 치료가 가능할 것으로 기대된다.

● 시토크롬 P450

예를 들면 간세포에서 활동하는 '시토크롬 P450'이라는 효소는 알코올과 약물을 해독(대사)하는 효소인데, 시토크롬 P450의 설계 정보를 담당하는 유전자에는 몇 가지 개인차(유전자 다형)가 존재한다. 그 유전자 다형에 따라 어떤 환자는 약물을 해독하기 쉬운 시토크롬 P450을 제작해서 부작용이 잘 생기지 않는 반면, 또 다른 환자는 약물 해독 능력이 떨어지는 시토크롬 P450으로 인해 부작용이 생기기 쉽다는 사실이 속속 밝혀지고 있다.

● 약의 효과와 부작용을 결정하는 요인

하지만 시토크롬 P450만이 약의 효과와 부작용을 결정짓는 것은 아니다. 원래 우리가 복용한 약물은 장에서 흡수되어 혈액 속으로 흘러 조직에 도달하고, 수용체와 효소 등의 단백질과 결합해서 최종적으로 작용한다.

물론 약물은 시토크롬 P450 등의 효소에 의한 해독 작용을 거쳐 담즙이나 소변으로 배출되지만, 약의 효과와 부작용은 약의 흡수 정도 혹은 수용체 단백질과 약물과의 결합 정도 등 복수의 유전 요소가 관여하고 있는 것이다.

게다가 유전 요소뿐 아니라 담배나 알코올과 약을 동시에 복용한 경우 등 외적인 요소에 따라서도 약의 효과나 부작용 정도에 차이가 난다.

예를 들면 알코올과 어떤 종류의 약을 동시에 복용하면 시토크롬 P450은 약물 해독보다 알코올 해독에 더 신경을 쓰기 때문에 결과적으로 약물 부작용이 생기기 쉽다.

반대로 알코올 중독자의 경우 간세포 주변의 시토크롬 P450의 양과 활성이 늘과다 상태에 있기 때문에, 복용한 약물이 완전히 흡수되기도 전에 시토크롬 P450에 의해 재빨리 해독된다. 즉 약의 효과가 나타나기 어려운 것이다.

다인자 질환은 복수의 유전인자와 복수의 환경인자가 서로 관련되어 있다고 했는데, 약의 효과와 부작용도 복수의 유전인자와 복수의 환경인자가 관련을 맺고 있다.

따라서 "당신의 시토크롬 P450의 유전자 유형은 부작용이 잘 생기지 않는 유형입니다"라고 안이하게 진단해서 약을 처방하더라도 부작용이 생길 수 있다.

극단적으로 말하면 "당신의 유전자 유형은 이 약과 찰떡궁합입니다. 그러니 이 약을 드시기 바랍니다"라며 약을 처방해도 환자가 그 약을 복용하지 않고 버린다면 약의 효과는 물론 나타나지 않는다.

유전자의 개인차에 바탕을 둔 맞춤 의료 시대가 오더라도 환자와 의료진이 돈독한 신뢰 관계를 쌓지 않는 한, 진정한 의료는 성립되지 않는다는 진실을 잊지 말아야 할 것이다.

하이**라이트**))))

●● 질병과 유전자의 관계

- 유전병(좁은 의미)은 단일 유전자 변이의 영향을 강하게 받는 질환이다 (단일 유전자 질환).
- 고혈압이나 당뇨병 등 우리가 흔히 접하는 질병은 복수의 유전인자(질환 감수성 유전자 다형)와 복수의 환경인자가 서로 얽혀 발병에 이르는 '다인 자 질환'이다.

●● '질환 감수성 유전자 다형'이란 무엇인가?

- 인간의 DNA는 1000개당 1개의 비율로 뉴클레오티드의 다양성이 존재한 다. 이런 빈번한 변이를 '다형(多型)'이라고 한다.
- 단백질의 양이나 기능이 약간 변해서 발병에 아주 경미하게라도 영향을 끼칠 수 있는 다형을 '질환 감수성 유전자 다형'이라고 한다.
- 질환 감수성 유전자 다형을 갖고 있다고 해서 발병으로 직결되는 것은 아 니다.
- 질환 감수성 유전자 다형을 하나도 갖고 있지 않아도 질병에 걸리는 경우 가 있다.

●● '맞춤 의료'란 무엇인가?

- 약의 효과와 부작용도 복수의 유전인자와 복수의 환경인자가 관련을 맺고 있다.
- 약의 효험과 부작용에 영향을 끼칠 수 있는 유전자 다형을 진단해서 그 유 전자 다형에 따라 약의 종류와 복용량을 가감하자는 취지가 '맞춤 의료' 의 기본 개념이다.

제14막

암과 분자생물학 ⁾⁾⁾⁾

다음 대화에서 선생님의 답변은 무엇일지 생각해 보자.

선생님 : 암은 유전자의 이상으로 생기는 질병입니다.

학 생 : 그렇다면 암은 유전되겠네요?

선생님 : 아뇨. 유전되는 암이 있고 유전되지 않는 암도 있습니다.

학 생 : 유전자 질병인데 왜 유전되지 않는 거죠?

선생님 : …….

유전자와 질병의 관련성을 따질 때, 좁은 의미의 유전병(단일 유전자 질환)과 주위에서 흔히 접하는 질병(common disease)은 엄밀히 구별해서 생각해야 한다고 했다. 이번 무대에서는 암과 유전자의 관계에 대해서 알아보도록 하자.

암은 유전될까?

scene **14.1**

1개의 세포가 2개로 늘어나는 세포분열은 세포분열을 촉진하는 단백질 그룹과 세포분열을 억제하는 단백질 그룹에 따라 조절된다.

세포분열 촉진 단백질을 설계하는 유전자를 '원(原)암 유전자(proto-oncogene)'라고 하고, 세포분열 억제 단백질을 설계하는 유전자를 '암 억제 유전자(tumor suppressor gene)'라고 한다. 이들 유전자가 방사선 등의 돌연변이 유발물질을 만나서 후천적으로 변이하는 경우가 있다.

예를 들면 '원암 유전자'가 후천적으로 변이해서 활성이 높아진 세포분열 촉진 단백질을 만들어 내는 상황이다. 이때 과도하게 활성이 높아진 세포분열 촉진 단백질을 설계하는 유전자를 '암 유전자(oncogene)'라고 부른다. 또 '암 억제 유전자'에 돌연변이가 생겨서 증식 억제 효과가 없는 단백질을 만드는 상황도 생긴다.

이렇게 여러 유전자의 '후천적 변이'가 쌓이면 세포는 암으로 진행된다(같은 '변이'지만 주위에서 흔히 접하는 질병과 관련된 '선천적인' 유전자 변이인 '질환 감수성 유전자 다형'과 암 유전자의 '후천적 변이'를 구별하자).

앞의 대화에서 "유전자 질병인데 왜 유전되지 않는 거죠?"라는 의문점, 즉 '유전자 질병은 100% 유전한다'는 오해를 풀기 위해서는 DNA를 자손에게 전하는

주) '원암 유전자'에서 '암 유전자'로 발전하는 메커니즘은 다음과 같은 경로가 있다.
① 원암 유전자 자체의 후천적 변이에 따라 과도하게 활성이 높아진 단백질을 만드는 경우
② 원암 유전자의 양이 과도하게 증가해서 단백질의 양이 과도하게 늘어난 경우
③ 원암 유전자의 해독 양을 조절하는 조절성 DNA 염기서열 변화에 따라 단백질의 양이 과도하게 늘어난 경우

세포극장 ::: 유전자와 암

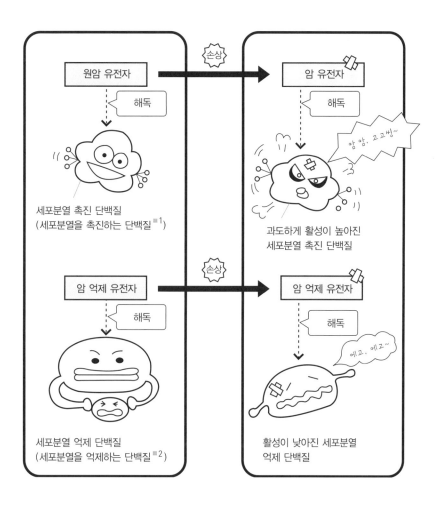

▶ 방사선, 바이러스 등 환경인자에 따라 DNA에 손상이 생기면, 먼저 DNA의 복구 반응이 가동한다. DNA 복구에 성공한 세포는 정상 세포와 같지만 DNA 복구에 실패, 과도하게 활성이 높아진 세포분열 촉진 단백질이나 반대로 활성이 낮아진 세포분열 억제 단백질이 만들어지면 세포는 암으로 진행된다.

■1 원암 유전자가 코드하는 단백질은,

① 증식인자(Sis 등), ②증식인자 수용체(ErbB, Fms 등), ③ 세포분열의 정보전달을 담당하는 단백질(Grb2, Sos, Ras, Raf, MAPK 등), ④ 유전자 발현 조절인자(Fos, Jun 등)가 있다.

■2 암 억제 유전자가 코드하는 단백질은 p53 단백질과 Rb 단백질 등이 있다.

생식세포와 자손에게 전하지 않는 체세포를 구분해서 설명해야 한다(136쪽 참조).

대부분의 암은 자손에게 전해지지 않는 체세포 유전자의 후천적 변이가 누적되면서 생기므로 유전되지 않는다. 반면에 자손에게 전해지는 생식세포에 암을 유발하는 유전자 변이가 수정 전에 이미 생겼다면 암은 유전될 수 있다.

암과 유전자 치료

14.2

scene

대부분의 생명 현상은 단백질의 활동으로 영위되는데, 단백질의 설계 정보를 담당하는 분자를 유전자라고 하며 그 화학적 실체는 핵산(DNA)이다.

핵산의 이상으로 정상 단백질을 만들지 못하면 정상 핵산[**]을 보충하거나, 혹은 핵산의 이상으로 유해한 단백질이 생기면 그 유해한 핵산의 해독을 방해하는 것이 유전자 치료의 기본 개념이다.

[**]
정상 핵산
좀 더 정확하게 말하면 '정상 단백질을 코드하는 핵산'

● 정상 유전자를 보충한다

유전자의 이상에 따라 정상 단백질을 만들지 못하면, 정상 유전자를 보충해서 정상 단백질을 만들게 하면 병을 치료할 수 있지 않을까 하는 추측이 가능하다.

예를 들면 암 억제 유전자의 이상으로 세포가 암으로 발전하는 경우, 정상 암 억제 유전자를 보충하면 암 치료로 이어질 수 있으리라 기대된다. 실제 암 억제 유전자의 하나인 p53 유전자를 암세포에 주입하는 방법이 시도되고 있다.

● 유해한 유전자의 해독을 방해한다

유전자의 이상으로 유해한 단백질이 생기면, 유해한 단백질의 설계도 해독을 방해하는 것도 하나의 치료법이 될 수 있다. 현재 암 유전자의 해독을 방해하는 치료법이 한창 개발 중이다. 제7막에서 소개했듯이, 핵산을 만드는 뉴클레오티드 가운데 A와 T(U), G와 C는 서로 끌어당기는 관계인데, 이런 상보적 관계를 역으로 이용해서 유전자나 유전자의 복제인 메신저 RNA와 결합, 단백질의 해독을 방해하는 '유인 분자(안티센스 올리고뉴클레오티드)'가 개발되고 있다.

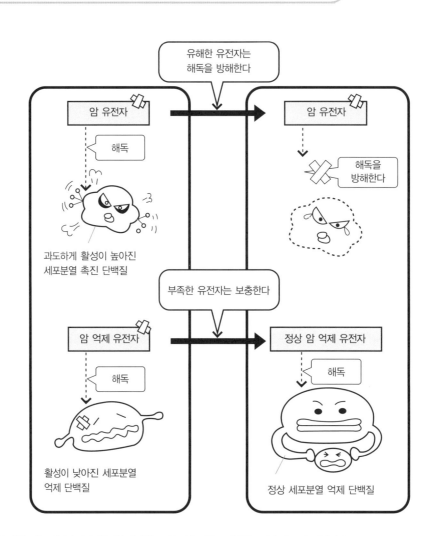

유해한 것은 제거하거나 활동을 방해하고, 부족한 것은 보충하는 것이 치료의 기본이다.
암의 유전자 치료도 암 유전자라는 유해한 유전자의 해독을 방해하고, 부족한 암 억제 유전자는 보충하자는 것이 치료의 기본 취지이다.

주) 그 밖에 암의 유전자 치료로는 '면역요법(면역세포 활성화 단백질을 코드하는 유전자를 면역세포에 주입해서 암세포를 죽이는 방법)'과 '프로드러그 요법(prodrug therapy, 유독물질을 만들어 내는 유전자를 암세포에 주입해서 암세포 자신이 유독물질을 만들어 스스로 사멸하는 방법)' 등이 있다.

유전자 치료는 어디까지 허용될 수 있을까?

14.3

scene

부족한 유전자는 보충하고 유해한 유전자는 해독을 방해하는 유전자 치료의 기본 원리는 간단하다. 그런데 실제 임상 현장에서는 유전자 치료가 어디까지 허용되고 있을까?

먼저 우리 몸의 세포를 자손에게 물려주는 생식세포(정자·난자)와 자손에게 물려주지 않는 세포(체세포)로 나누어 생각해 보자.

자손에게 물려주는 세포(생식세포)에 유전자 치료를 하는 것은 자손에게 그 영향을 끼칠 수 있기 때문에 허용되지 않는다. 그렇다면 자손에게 물려주지 않는 체세포의 경우 유전자 치료가 허용될 수 있을까? 이 경우에도 조건이 있다. 즉 모든 치료 방법을 강구했지만 효과가 없고 다른 치료 수단이 없을 경우에 한해서 허용된다는 점이다.

유전자 치료에는 엄청난 비용과 어마어마한 위험이 따른다. 유전자(핵산)를 세포 내에 주입하는 방법으로는 대개 바이러스를 이용한다. 이때 바이러스의 부작용이 0%라고는 아무도 장담하지 못한다. 실제 유전자 치료 행위의 부작용으로 사망한 사례가 1999년에 보고된 바 있다. 또한 체세포에 시술하는 유전자 치료의 영향이 생식세포에 전혀 영향을 끼치지 않는다고 단정 지을 수도 없다.

이와 같은 위험을 감수하면서까지 굳이 치료를 하는 의미는 무엇일까?

그것은 눈앞에 있는 위중한 환자에 대해 모든 치료법을 동원했지만 달리 방법이 없을 때, 엄청난 위험 부담을 안고서라도 한편으로는 실낱같은 희망을 바라보면서 시술하는 치료 행위야말로 '유전자 치료'의 본래의 의미가 아닐까?

암과 유전자 진단

scene / **14.4**

제13막에서 '유전자 진단'이라고 뭉뚱그려 말해도 유전병(단일 유전자 질환)의 유전자 진단과 다인자 질환의 유전자 진단은 그 의미가 전혀 다르다는 이야기를 했다. 마찬가지로 '암의 유전자 진단'이라고 해도 유전성 암의 유전자 진단과 유전하지 않는 암의 유전자 진단은 의미하는 바가 전혀 다르다.

유전성 암의 유전자 진단

전체 암의 5~10%는 유전성 암이라고 한다. 즉 암에 걸리기 쉬운 성질이 유전하는 경우의 유전자 진단은 유전병의 유전자 진단과 같은 의미이다.

유전성 암에는 가족성 대장 용종증과 가족성 유방암 등이 있다. 가족성 대장 용종증의 경우 APC라는 암 억제 단백질의 유전자 변이가 유전됨으로써 대장암에 걸릴 확률이 높아진다. 또 가족성 유방암의 경우 BRCA1 내지는 BRCA2라는 암 억제 단백질의 유전자 변이가 유전됨으로써 유방암에 걸리기 쉽다고 알려져 있다.

따라서 이들 유전자 변이를 검출할 수 있다면, 암에 걸리기 쉬운 체질을 진단해서 암의 조기 발견·조기 치료에 도움을 줄 수 있을 것으로 기대된다.

하지만 유전병의 유전자 진단과 마찬가지로, 유전자 진단 후의 카운슬링이나 유전자 변이가 나타나는 가계를 사회적인 차별로부터 보호하는 시스템을 확립하지 않은 채 유전자 진단의 기술 개발에만 열을 올리는 일은 바람직하지 않다.

유전하지 않는 암의 유전자 진단

대부분의 암은 유전되지 않는데, 암의 발생 여부를 알아보기 위해 혈액이나 가래 속에 변이한 원암 유전자와 암 억제 유전자가 있는지를 조사하는 방법도 '암의 유전자 진단'이라고 표현한다.

또한 암의 악성도와 항암제의 효험도와 같은 '암의 성질'을 알아보기 위해 개별 암 유전자의 변이 유무를 조사하는 방법도 개발되고 있다.

이들 방법은 DNA를 이용한 '암의 존재 진단', '암의 성상(性狀) 진단'이라고 말할 수 있기 때문에, 대부분의 사람들이 떠올리는 유전성 질환의 유전자 진단과는 의미가 전혀 다르다.

덧붙이자면 가래나 소변에 바이러스나 결핵균 등의 미생물 유전자가 있느냐 없느냐를 알아보는 방법도 '유전자 진단'이라고 한다.

이상의 설명에서도 알 수 있듯이 '유전자 진단'이라는 단어는 적용하는 질병에 따라 그 의미가 완전히 달라진다. 이를 정리해 보면 다음과 같다.

● 유전자 진단의 분류

(1) 좁은 의미의 유전성 질환의 유전자 진단
· 유전병(단일 유전자 질환)의 유전자 진단
· 유전성 암(전체 암의 5~10%)의 유전자 진단

(2) 다인자 질환의 질환 감수성 유전자 다형 진단

(3) 비유전성 질환의 유전자 진단
· 비유전성 암(대부분의 암)의 존재 진단, 성상 진단
· 바이러스나 결핵균 등의 미생물 존재 진단

●● 오해를 부르는 용어, '유전자'

"암은 유전자의 이상으로 생기는 질병입니다"라는 이야기를 들으면, "유전자 질병이라고요? 그럼 유전되겠네요?" 하고 묻는 것도 무리가 아니다. 그도 그럴 것이 '유전자'라는 단어에는 이미 '유전'이라는 단어가 들어 있고(원래 '유전자'란 '유전 형질을 결정하는 인자'라는 의미가 담겨 있다), 유전자 이상 혹은 유전자 변이 하면 '돌연변이는 유전된다'는 고등학교 생물 교과서를 먼저 떠올릴 테니 말이다.

또한 유전한다는 측면을 지나치게 강조한 이름 탓에 "유전자 질병인데 왜 유전되지 않는 거죠?" 하며 고개를 갸우뚱할 수 있다.

같은 맥락에서 '유전자 진단'이라고 하면 운명을 선고받은 느낌이 드는 사람이 많은 것도, 또 '유전자 치료'에 지나치게 집착하는 것도 유전자라는 단어에서 오는 독특한 뉘앙스 때문이리라.

그렇다면 '유전자' 대신에 '핵산'이라는 단어를 쓰면 어떨까?

즉 '암은 유전자 질병'이라고 하는 대신 '암은 핵산 질병'이라고 표현하고, '유전자 치료'를 '핵산 치료'라고 달리 표현하는 것이다.

● 생식세포의 핵산에 생긴 후천적 변이는 유전된다.
● 체세포의 핵산에 생긴 후천적 변이는 유전되지 않는다.
● 생식세포의 핵산에 조작을 가하는 치료는 허용되지 않는다.
● 체세포의 핵산에 조작을 가하는 치료는 조건부로 허용된다.

어떤가? 훨씬 더 명확하게 다가오지 않는가?

그런데 '핵산 질병'이나 '핵산 치료'라고 하면 왠지 최첨단 의료와는 거리가 먼 느낌이 들기 때문에 이 말이 일반화되지 않는 걸까?!

분자생물학
연구실

:: **DNA를 분석하는 방법**

● **폴리메라아제 연쇄반응법**

폴리메라아제 연쇄반응법(polymerase chain reaction, PCR법)은 시험관 안에서 DNA의 특정 영역을 증식하는 방법이다. 이 방법으로 혈액이나 소변에 섞여 있는 세포 내 미량의 DNA를 간단하게 늘릴 수 있어서 암의 원인이 되는 DNA의 돌연변이가 있는지 없는지, 혹은 결핵균이나 바이러스 등의 미생물 DNA의 존재 유무를 알아보는 진단 기술에 응용되고 있다.

PCR법의 원리는 세포가 자신의 DNA를 증식하는 방식과 동일하다. 즉 DNA 폴리메라아제에 의해 DNA를 2배씩 늘려가는 방식이다.

단 세포 안에서 DNA를 늘릴 경우에는 헬리카제라는 단백질이 2가닥의 DNA 사슬을 1가닥의 DNA 사슬로 분리하지만, PCR법에서는 95℃ 전후의 고온에 두면 2가닥의 DNA가 1가닥의 DNA로 분리된다. 또한 DNA 폴리메라아제도 95℃ 전후의 고온에 견딜 수 있는 물질을 이용한다(내열성 DNA 폴리메라아제).

한편 세포 안에서 DNA를 늘릴 때는 DNA 전체 영역을 늘리지만, PCR법에서는 '프라이머(primer)'라는 10~20개 뉴클레오티드의 1가닥 DNA 조각에 삽입된 특정 영역만을 늘린다.

'프라이머'란 DNA 합성 개시(프라이밍)에 필요한 특정 배열을 가진 뉴클레오티드 사슬을 일컫는다(내열성 DNA 폴리메라아제는 DNA를 5'에서 3' 방향으로 합성하기 때문에 프라이머도 이를 고려해 259쪽 그림과 같이 디자인할 필요가 있다).

PCR법의 과정을 구체적으로 살펴보면 다음과 같다.

1 시험관 온도를 95℃ 전후로 만들면 2가닥 DNA가 1가닥 DNA로 분리된다.

2 시험관 온도를 55℃ 전후로 만들면 1가닥으로 분리된 DNA에 프라이머가 그림과 같이 결합한다.

3 시험관 온도를 72℃ 전후로 만들면 프라이머에서 앞부분 DNA를 내열성 DNA 폴리메라아제가 합성해 나간다.

4 시험관 온도를 다시 95℃ 전후로 만들어 2가닥 DNA를 1가닥 DNA로 분리하고, **2** → **3**의 반응을 되풀이한다.

1에서 **3**까지의 반응에 소요되는 시간은 불과 몇 분 정도로, 이 과정을 30번 반복해도 2~3시간이면 실험은 끝난다.

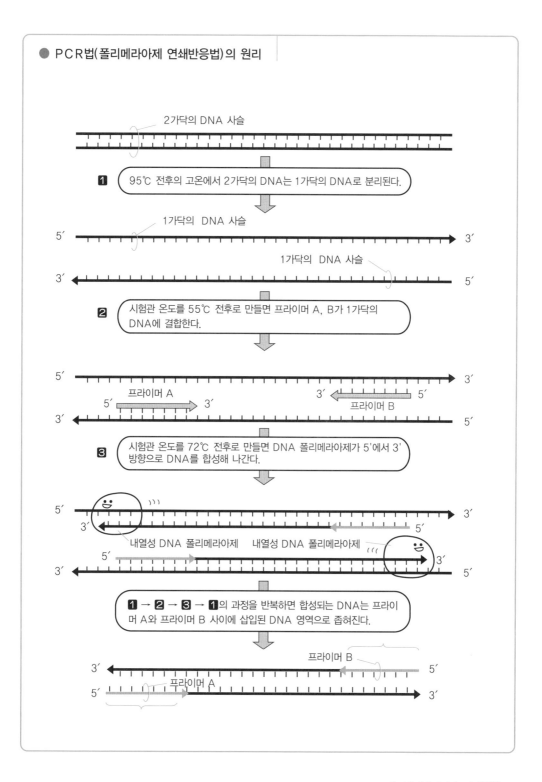

● PCR법(폴리메라아제 연쇄반응법)의 원리

2가닥의 DNA 사슬

1 95℃ 전후의 고온에서 2가닥의 DNA는 1가닥의 DNA로 분리된다.

1가닥의 DNA 사슬

5'   3'

1가닥의 DNA 사슬

3'   5'

2 시험관 온도를 55℃ 전후로 만들면 프라이머 A, B가 1가닥의 DNA에 결합한다.

5'   3'

프라이머 A
5'   3'   3'   5'
                                          프라이머 B

3'   5'

3 시험관 온도를 72℃ 전후로 만들면 DNA 폴리메라아제가 5'에서 3' 방향으로 DNA를 합성해 나간다.

5'   3'
3'   5'

내열성 DNA 폴리메라아제   내열성 DNA 폴리메라아제
5'   3'

3'   5'

1 → **2** → **3** → **1**의 과정을 반복하면 합성되는 DNA는 프라이머 A와 프라이머 B 사이에 삽입된 DNA 영역으로 좁혀진다.

프라이머 B
3'   5'
                        프라이머 A
5'   3'

● 유전자 변이를 검출하는 PCR-SSCP법

앞에서 설명한 PCR법에서 증폭된 DNA 조각에 변이가 있는지 없는지를 밝히는 방법으로 SSCP법(single strand conformation polymorphism, 1가닥 사슬의 입체 구조 다형)이 흔히 이용된다.

SSCP법의 원리는 DNA가 포름아미드와 가열해서 1가닥 사슬이 되었을 때, 유전자 변이가 있느냐 없느냐에 따라 그 입체 구조가 변하는 것에 착안한 실험법이다. 구체적인 과정을 살펴보면 다음과 같다.

1 먼저 PCR법으로 증폭된 DNA를 포름아미드와 함께 95℃ 전후의 고온으로 가열해서 1가닥 사슬로 만든다(변성). 이때 입체 구조(conformation)가 DNA의 변이 유무에 따라 차이가 생긴다.

2 변성시킨 DNA를 폴리아크릴아미드로 만든 겔(gel)판에 다음 페이지의 그림과 같이 얹고, 직류 전류가 흐르게 한다.

DNA는 마이너스 전하를 띠기 때문에 DNA 조각은 음극에서 양극 방향으로 이동한다. 겔은 그물코 모양의 구조를 취하고 있는데, 직류 전류를 가하면 DNA는 그물코를 빠져나가듯이 이동한다. 이를 '전기영동(電氣泳動, electrophoresis, '전기이동'이라고도 한다)'이라고 한다.

3 변성시킨 DNA의 입체 구조는 변이의 유무에 따라 차이가 나기 때문에, 겔 그물코를 빠져나가는 정도에도 차이가 난다. 즉 겔 안에서의 이동 속도가 변화한 경우 이를 변이 배열이라고 판단할 수 있는 것이다.

이 방법은 돌연변이를 검출할 확률이 높아서 세계적으로 널리 이용되고 있다.

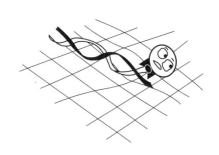

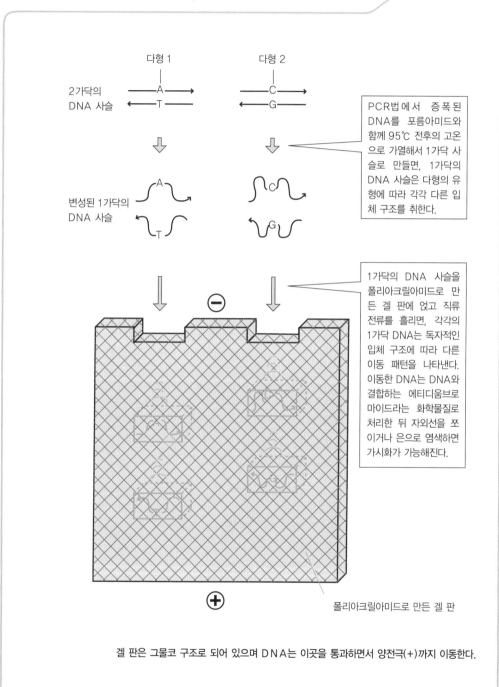

다형 1

다형 2

2가닥의
DNA 사슬

변성된 1가닥의
DNA 사슬

PCR법에서 증폭된 DNA를 포름아미드와 함께 95℃ 전후의 고온으로 가열해서 1가닥 사슬로 만들면, 1가닥의 DNA 사슬은 다형의 유형에 따라 각각 다른 입체 구조를 취한다.

1가닥의 DNA 사슬을 폴리아크릴아미드로 만든 겔 판에 얹고 직류 전류를 흘리면, 각각의 1가닥 DNA는 독자적인 입체 구조에 따라 다른 이동 패턴을 나타낸다. 이동한 DNA는 DNA와 결합하는 에티듐브로마이드라는 화학물질로 처리한 뒤 자외선을 쪼이거나 은으로 염색하면 가시화가 가능해진다.

폴리아크릴아미드로 만든 겔 판

겔 판은 그물코 구조로 되어 있으며 DNA는 이곳을 통과하면서 양전극(+)까지 이동한다.

하이라이트))))

●● 암은 유전병일까?

- 대부분의 암은 자손에게 전해지지 않는 세포(체세포)의 원암 유전자나 암 억제 유전자에 후천적 변이가 누적됨으로써 생기기 때문에 유전되지 않는 다(주위에서 흔히 접하는 질병과 관련된 질환 감수성 유전자 다형은 '선천적 변이'이다).
- 하지만 자손에게 전해지는 세포(생식세포)의 원암 유전자나 암 억제 유전 자에 암을 유발하는 유전자 변이가 생겼다면 암은 유전될 수 있다.

●● 유전자 치료의 개념

- 부족한 유전자는 보충하고 유해한 유전자는 해독을 방해하는 것이 유전자 치료의 기본 원리이다.
- 생식세포의 유전자 치료는 허용되지 않는다.
- 체세포의 유전자 치료는 치료 수단으로 다른 방법을 강구할 수 없을 때 조 건부로 허용된다.

●● 유전자 진단의 개념

- **유전병(단일 유전자 질환)이나 유전성 암의 경우** : 발병에 강하게 영향을 끼 치는 변이의 유무를 진단한다.
- **다인자 질환의 경우** : 몇 가지 질환 감수성 유전자 다형의 유무를 검출한다.
- **비유전성 암이나 감염증의 경우** : 핵산을 이용한 미생물이나 암의 '존재 진 단'이라는 의미가 있다.

그동안 세포 극장을 시청해 주신 여러분께 진심으로 감사드립니다.

"분자생물학의 깊은 매력을 누구나 느낄 수 있도록"

중학교 때 나는 생물 시간이 정말 싫었다.

지금도 또렷이 기억하고 있다. 중학교 1학년 때 기말고사 생물 점수가 46점이었던 것을. 담당 선생님께 엄청 혼이 났지만, '쳇 이런 걸 외워서 어디다 써 먹는담' 하며 일말의 반성도 하지 않았다. 고등학교에 진학해서도 생물 시간은 그리 반가운 시간이 아니었다. '리소좀이야? 리보솜이야? 아이고 헷갈려!' 하면서 머리를 쥐어뜯었으니 말이다.

그런데 대학 시절 레닌저의 《생화학》이라는 한 권의 책이 내 마음을 송두리째 흔들어 놓았다. 그것은 실로 충격이었다.

《생화학》에 실린 내용은 외래어의 나열도, 단순한 사실의 짜깁기도 아니었다. 이 책에는 일관된 논리가 지극히 평범한 단어로 적혀 있었다. 나는 책의 본문을 똑같이 옮겨 쓰면서 마음속에 감동을 아로새겼다.

'어려운 내용을 어렵게 말하는 것은 간단하다. 하지만 어려운 내용을 쉬운 말로, 더욱이 일관된 논리를 유지하면서 말하는 것이야말로 가장 어려우면서도 중요한 것'이라는 진실을 그때 절실히 깨달았다. 레닌저와의 만남이 오늘의 나를 이끌어 주었다고 해도 과언이 아니다.

그 운명적인 만남 뒤 13년이라는 세월이 흘렀다. 그동안 생화학·분자생물학 분야는 놀라울 정도로 발전을 거듭했다. 1990년에는 유전자 치료가 임상 현장에서 최초로 시술되었고, 1999년에는 유전자 치료 시술로 인한 사망 사례가 보고되면서 유전자 치료에 좀 더 신중을 기하자는 반성의 목소리도 나왔다. 또한 유전자 치료가 막을 올린 같은 해 1990년에는 '인간 게놈 프로젝트'가 발족되어 인간의 DNA 구조를 밝혀냈다.

이처럼 하루가 다르게 발전하고 있는 분자생물학은 쉽게 접할 수 있는 분야가 아니다. 하지만 나는 어려운 분자생물학을 한 사람이라도 많은 독자들과 함께 이해하고 그 과정을 독자들과 같이 체험하고 싶은 마음에 이 책을 집필하게 되었다.

물론 분자생물학이 생명 현상이나 질병의 모든 것을 규명해 주리라 기대하지는 않지만, 분자생물학이 밝혀 온 생명 현상의 수수께끼는 설사 부분적이고 단편적이라고 해도 상당히 매력적인 것만은 분명한 사실이다. 분자생물학의 깊은 매력이 아주 조금이라도 독자에게 전달되었으면 하는 것이 필자의 간절한 바람이다.

다다 도미오(多田富雄) 선생님을 비롯해 야마구치 요코(山口葉子) 씨, 일러스트 가운데 일부를 그려 준 니시모토 아이코(西元愛香) 씨, 고단샤 출판사의 구니토모 나오미(國友奈緒美) 씨, 그리고 이루 다 헤아릴 수 없는 많은 분들의 격려와 사랑이 있었기에 이 책이 탄생할 수 있었다. 모든 분들께 진심으로 감사의 인사를 올린다.

하기와라 기요후미

- 《生化学 － 細胞の分子的理解(생화학 － 세포의 분자적 이해)》(上 · 下), 第2版, A. L. レーニンジャー, 中尾眞 監訳, 共立出版, 1977年(上) 1978年(下).

- 《発生のしくみが見えてきた(발생의 메커니즘이 보인다)》(高校生に贈る生物学4), 浅島誠, 岩波書店, 1998年.

- 《からだの設計圖 － プラナリアからヒトまで(몸의 설계도 － 플라나리아에서 인간까지)》, 岡田節人, 岩波新書, 1994年.

- 《人いなる仮説(대단한 가설)》, 大野乾, 羊土社, 1991年.

- 《続 · 大いなる仮説(속 · 대단한 가설)》, 大野乾, 羊土社, 1996年.

- 《未完 先祖物語 － 遺伝子と人類誕生の謎(미완 조상이야기 － 유전자와 인류 탄생의 수수께끼)》, 大野乾, 羊土社, 2000年.

- 《ヒトゲノム － 解読から応用 · 人間理解へ(인간 게놈 － 해독에서 응용 · 인간 이해로)》, 榊佳之, 岩波新書, 2001年.

- 《発生生物学 － 分子から形態進化まで(발생생물학 － 분자에서 형태 진화까지)》(上), スコット F. ギルバート, 塩川光一郎 · 東中川徹 · 深町博史 訳, トッパン, 1991年.

- 《免疫の意味論(면역의 의미론)》, 多田富雄, 青土社, 1993年.

- 《生命の意味論(생명의 의미론)》, 多田富雄, 新潮社, 1997年.

- 《免疫 「自己」と「非自己」の科学(면역 · '자기'와 '비자기'의 과학)》, 多田富雄, 日本放送出版協会, 2001年.

- 《生命 － その始まりの様式(생명 － 그 시작의 양식)》, 多田富雄, 中村雄二郎, 誠信書房, 1994年.

- 《マンガ分子生物学(만화 분자생물학)》, 萩原清文, 多田富雄 · 谷口維紹 監修, 哲学書房, 1999年.

- 《マンガ免疫学(만화 면역학)》, 萩原清文, 多田富雄·谷口維紹 監修, 哲学書房, 1996年.

- 《好きになる免疫学(내몸안의 주치의 면역)》, 萩原清文, 多田富雄 監修, 講談社, 2001年.

- 《Essential 細胞生物学(Essential 세포생물학)》, Bruce Alberts et al., 中村桂子 他 監訳, 南江堂, 1999年.

- 《「いのち」とはなにか − 生命科学への招待('생명'이란 무엇인가 − 생명과학으로의 초대)》, 柳澤桂子, 講談社, 2000年.

- 《卵が私になるまで − 発生の物語(알이 내가 되기까지 − 발생 이야기)》, 柳澤桂子, 新潮選書, 1993年.

- 《遺伝子医療への警鐘(유전자 의료의 경종)》, 柳澤桂子, 岩波書店, 1996年.

- 《生命の未来図(생명의 미래도)》(NHK人間講座), 柳澤桂子, 日本放送出版協会, 2002年.

- 《細胞病理学(세포병리학)》, ルドルフ ウィルヒョウ, 南山堂, 1957年.

옮긴이 _ 황소연

대학에서 일본어를 전공하고 첫 직장이었던 출판사와의 인연 덕분에 지금까지 10여 년간 전문 번역가로 활동하면서 〈바른번역 아카데미〉에서 출판번역 강의도 맡고 있다. 어려운 책을 쉬운 글로 옮기는, 그래서 독자를 미소 짓게 하는 '미소 번역가'가 되기 위해 오늘도 일본어와 우리말 사이에서 행복한 씨름 중이다.

옮긴 책으로는 《내 몸 안의 지식여행, 인체생리》, 《내 몸 안의 주치의, 면역학》, 《내 몸 안의 두뇌탐험, 정신의학》, 《면역습관》, 《유쾌한 공생을 꿈꾸다》, 《우울증인 사람이 더 강해질 수 있다》 등 80여 권이 있다.

내 몸 안의 작은 우주, 분자생물학

개정판 1쇄 발행 | 2019년 6월 17일
개정판 9쇄 발행 | 2024년 6월 25일

지 은 이 | 하기와라 기요후미
감   수 | 다다 도미오 · 오창규
옮 긴 이 | 황소연
펴 낸 이 | 강효림

편   집 | 이남훈 · 민형우
디 자 인 | 채지연

종   이 | 한서지업(주)
인   쇄 | 한영문화사

펴 낸 곳 | 도서출판 전나무숲 檜林
출판등록 | 1994년 7월 15일 · 제10-1008호
주   소 | 10544 경기도 고양시 덕양구 으뜸로 130
          위프라임트윈타워 810호
전   화 | 02-322-7128
팩   스 | 02-325-0944
홈페이지 | www.firforest.co.kr
이 메 일 | forest@firforest.co.kr

ISBN | 979-11-88544-32-5 (44470)
ISBN | 979-11-88544-31-8 (세트)

친절한 양자론

불확정성의 원리에서 '무한대 해'의 난제까지

과학 분야의 베스트셀러 작가 다케우치 가오루가 어려운 양자 이론을 독자들의 눈높이에 맞게 쉽고 재미있게 저술했다. 특히 실재론과 실증론의 두 가지 축을 중심으로 양자의 세계를 일관되고 체계적으로 저술해나가는 탁월한 능력이 돋보인다.

다케우치 가오루 지음 | 김재호 · 이문숙 옮김 | 값 18,000원

친절한 우주론

고전 이론에서 포스트 아인슈타인 이론까지

복잡하고 난해할 것만 같은 우주론을 흥미진진한 설명과 풍부한 사진, 그림, 도표를 통해 이해할 수 있도록 한 대중적인 우주론 해설서. 우주론의 전 역사를 체계적이고 일관되게 서술했으며 핵심주제도 일목요연하게 정리되어 있다.

다케우치 가오루 지음 | 김재호 · 이문숙 옮김 | 값 23,000원

전나무숲 건강편지를
매일 아침, e-mail로 만나세요!

전나무숲 건강편지는 매일 아침 유익한 건강 정보를 담아 회원들의 이메일로 배달됩니다.
매일 아침 30초 투자로 하루의 건강 비타민을 톡톡히 챙기세요.
도서출판 전나무숲의 네이버 블로그에는 전나무숲 건강편지 전편이 차곡차곡
정리되어 있어 언제든 필요한 내용을 찾아볼 수 있습니다.

http://blog.naver.com/firforest

 '전나무숲 건강편지'를 메일로 받는 방법 forest@firforest.co.kr로 이름과 이메일 주소를 보내주세요.
다음 날부터 매일 아침 건강편지가 배달됩니다.

유익한 건강 정보,
이젠 쉽고 재미있게 읽으세요!

도서출판 전나무숲의 티스토리에서는 스토리텔링 방식으로 건강 정보를 제공합니다.
누구나 쉽고 재미있게 읽을 수 있도록 구성해,
읽다 보면 자연스럽게 소중한 건강 정보를 얻을 수 있습니다.

http://firforest.tistory.com